武夷山国家公园江西片区
蜘蛛生态大图鉴

范强勇 周谷春 方 毅 程 林 徐家生 等 编著

中国林业出版社
China Forestry Publishing House

图书在版编目（CIP）数据

武夷山国家公园江西片区蜘蛛生态大图鉴 / 范强勇
等编著 . -- 北京：中国林业出版社 , 2025. 4.
ISBN 978-7-5219-3282-9

Ⅰ. Q959.226.08-64
中国国家版本馆 CIP 数据核字第 2025SU7745 号

责任编辑：杨　洋
书籍设计：北京美光设计制版有限公司

出版发行：中国林业出版社
　　　　　（100009，北京市西城区刘海胡同7号，电话 83143583）
网　　　址：http://www.cfph.net
印　　　刷：河北鑫汇壹印刷有限公司
版　　　次：2025年5月第1版
印　　　次：2025年5月第1次印刷
开　　　本：889mm×1194mm　1/16
印　　　张：17.25
字　　　数：400千字
定　　　价：185.00元

　　武夷山是一座具有悠久地质演变发展历史的世界名山，也是一座经过大陆内部造山运动而最终成型的具有地学典型代表意义的天下名山，宛如镶嵌在大陆东南屋脊上的"绿色明珠"。武夷山国家公园（江西片区）坐落着海拔2160.8米的武夷山脉主峰黄岗山，这里保存了江西省50%以上的高等植物、60%以上的脊椎动物遗传基因，被称为"珍稀植物的王国""奇禽异兽的天堂"，是我国东南陆域最高山地，享有"大陆东南第一峰"的美誉。

　　江西片区的保护对象涵盖多个重要领域。其主要保护对象为中亚热带中山山地森林生态系统，以及国家重点保护野生植物原生地和国家重点保护野生动物栖息地，包括原生性较强的中亚热带中山山地自然生态系统，珍稀野生动植物及其栖息地，还有典型自然景观和历史文化景观，如黄岗山及其周边中亚热带中山森林景观、武夷山大峡谷地貌景观以及人文景观等。

　　物种丰富度是衡量一个地区生物多样性最基本的指标。建设国家公园的核心目标在于保护生物资源和自然遗传，维护生态系统保存结构平衡，保障保护地动植物正常生存繁衍，同时实现人类文明、社会和科学价值。目前，全省已建成各级自然保护区和国家公园190处，总面积约109.88万公顷，占全省国土面积的6.58%。其中，国家级自然保护区15处，国家公园1处，使得全省95%的野生植物种类、80%的野生动物种类得到了有效的保护，不仅维护了生态系统的持续平衡，也为各类基础研究提供了原始材料和资源，充分彰显了国家公园建设的科学价值和历史价值，达到了保护和研究的目的。

　　武夷山国家公园（江西片区）保存了江西45.1%的高等植物和57.7%的

野生脊椎动物遗传基因，经过 40 余年资源保护与监测，江西片区内科研人员研究记录各类生物物种 5021 种。其中，高等植物 2859 种，属于国家一级 4 种、国家二级重点保护野生植物 65 种；脊椎动物 581 种，属于国家一级重点保护野生动物 15 种、国家二级重点保护野生动物 71 种；无脊椎动物 1581 种，属于国家一级重点保护野生动物 1 种、国家二级重点保护野生动物 4 种。正因如此，武夷山国家公园被誉为"昆虫的世界""鸟的天堂"和"物种基因库"。在武夷山国家公园（江西片区）蜘蛛资源调查工作基础上，本书中记录了蜘蛛种类有 223 种，隶属于 40 科 164 属，这些研究成果极大地丰富了人们对森林生态资源的认知，夯实了保护区生物资源研究的基础。

江西片区具有极高的保护和科研价值，是研究我国亚热带东部亚高山地区植被及其森林生态系统起源、发育、演替，以及社会发展与自然生态系统演化的相互关系等重要科研项目的理想基地。

建立以国家公园为主体的自然保护地体系，是党中央站在中华民族伟大复兴和永续发展的战略高度作出的重大决策，也是贯彻落实习近平生态文明思想的关键举措。建立国家公园体制是生态文明和美丽中国建设的重大制度创新。

该书的出版是践行习近平生态文明思想的实际行动，是提升国家公园全民共建共享水平的创新举措，为公众感受国家公园独特魅力、促进人与自然和谐共生提供了新思路、新方案、新路径。依托生态环保理念深入人心，国家公园内野生动物种群显著增加，生态保护成效愈发显著。

李枝胜

中国科学院动物研究所

前　言

　　本书基于对武夷山国家公园（江西片区）蜘蛛资源的调查编写而成。在采集调查过程中，编著者拍摄了蜘蛛生态照片，并对标本进行分类鉴定，在此基础上完成了本书的撰写。

　　武夷山国家公园于 2021 年 9 月经国务院批准设立，成为我国第一批国家公园之一。它是世界自然和文化双遗产地，具有重要的生态和文化意义，在保护生物物种多样性和自然文化遗产方面发挥着关键作用。武夷山国家公园地处江西和福建交界处，是中国南方重要的生态保护区。这里地形复杂多样，山脉纵横，河流交织，造就了丰富多样的生态环境。公园植被覆盖率高，森林资源丰富，生物多样性极为突出。

　　在武夷山国家公园，蜘蛛种类繁多、形态各异。依据不同的栖息环境和生活习性，蜘蛛可分为结网型、游猎型、穴居型等类型。结网型蜘蛛通过编织蛛网捕食猎物，常见的有园蛛科、球蛛科、肖蛸科等；游猎型蜘蛛凭借快速的捕猎技巧捕获猎物，如跳蛛科、盗蛛科、狼蛛科等；穴居型蜘蛛则在地下或植物根部构筑巢穴，以守株待兔的方式捕食猎物，如节板蛛科、线蛛科等。

　　本项目开展时间为 2021 年 10 月至 2023 年 12 月。受新冠病毒疫情影响，蜘蛛野外资源调查工作断断续续，无法在一整年的不同月份持续开展，因此野外蜘蛛资源调查工作尚未完全结束。希望保护区未来能再次开展蜘蛛资源的本底调查工作，以完善武夷山国家公园（江西片区）蜘蛛物种记录。

　　本书共记录武夷山国家公园（江西片区）蜘蛛 223 种，其中江西省新记录种 39 种。已知种的新组合有 3 种，分别为携尾美蒂蛛 *Meotipa caudigera*

(Yoshida, 1993) comb. nov., 灵川美蒂蛛 *Meotipa lingchuanensis* (Zhu & Zhang, 1992) comb. nov., 异角美蒂蛛 *Meotipa variacorneus* (Chen, Peng & Zhao, 1992) comb. nov.。确定有待进一步发表的新种有 7 种，分别是叶家厂隐蔽蛛 *Lathys yejiachangensis* sp. nov.，武夷哈猫蛛 *Hamataliwa wuyiensis* sp. nov.，武夷山奥诺玛蛛 *Onomastus wuyishanensis* sp. nov.，黄岗山拟蝇虎 *Plexippoides huangganshanensis* sp. nov.，武夷山金蝉蛛 *Phintella wuyishanensis* sp. nov.，武夷类石蛛 *Segestria wuyiensis* sp. nov. 和武夷银斑蛛 *Argyrodes wuyi* sp. nov.。

　　本书旨在提升大众对蜘蛛外部形态特征及生态价值的认知，帮助读者了解不同种类蜘蛛的外形、习性、生态功能等。希望本书能激发读者对蜘蛛的兴趣，促使更多人参与到生态保护行动中来。只有让人们真正理解蜘蛛在生态系统中的重要性，才能更好地保护蜘蛛及其生存环境。希望书中生动的图片和翔实的基础描述，能让读者更直观地感受蜘蛛的美丽与神秘。

周谷春

2024 年 11 月 21 日

于赣南师范大学，赣州

目　录

总论

第一节　武夷山国家公园（江西片区）概况

一、保护基本概况

武夷山脉是江西和福建两省的界山，于中生代白垩纪初燕山构造运动中，通过太平洋板块与亚欧板块碰撞形成，呈北东—南西走向，主峰黄岗山为中国大陆东南部最高峰（海拔2160.80m）。武夷山脉东坡、西坡呈明显的不对称：东坡舒缓，有层次地形发育；西坡陡峻，断崖显著，植被的垂直变化也较明显。武夷山脉是全球生物多样性保护的关键地区，分布着世界同纬度现存最完整、最典型、面积最大的中亚热带原生性森林生态系统，更是我国自然地理第三台阶重要的中山山地和世界生物多样性保护的关键地区之一，享有"鸟的天堂""蛇的王国""昆虫的世界"等美誉，生物资源极其丰富。

武夷山国家公园（江西片区）位于武夷山脉北段西北坡，是江西省第一批省级保护区（1981年），更是江西省较早晋升的国家级自然保护区（2002年）。保护区占地面积16007 hm²，森林覆盖率96.3%，核心地带更是高达97.2%，以中亚热带中山山地森林生态系统及国家重点保护植物原生地和国家重点保护动物栖息地为主要保护对象。气候类型属于典型亚热带东部季风区，年均降水量2583 mm（江西最高），最高达3544 mm；年均气温14.2℃，年平均日照时数964 h，年均蒸发量778 mm，相对湿度年平均84%。区内水资源丰富，是信江主要支流铅山河的发源地，也是江西五大河流之一信江的主源头之一。

保护区植被呈明显垂直带状分布，从高海拔至低海拔依次分布有山顶灌丛草甸、山顶苔藓矮林、针叶林、针阔叶混交林、常绿落叶阔叶混交林、常绿阔叶林、毛竹林等植被类型。保护区内有陆生脊椎动物527种，占江西省记录的71.22%；其中，两栖动物33种，爬行动物63种，哺乳动物95种，鸟类336种。

武夷山国家公园（江西片区）自然保护区成立开始就对原生态的动植物进行保护，对常见鸟类、兽类、鱼类等大型动物进行了多次本底调查，基本情况非常清楚，而保护区内蜘蛛物种多样性情况基本为零星记录，种类数并未详细采集调查。

因此，对保护区蜘蛛物种多样性调查非常有必要，而且应尽快展开科研调查工作，为保护区提供翔实的蜘蛛多样性名录，为保护动物资源提供可靠的数据支撑材料。

二、保护区蜘蛛研究现状及意义

本项目主要开展于2021年10月到2023年12月，期间因新冠病毒疫情原因，蜘蛛资源调查断断续续开展，未能在一个完整自然年中不同时间段进行科学采集工作，导致部分月份蜘蛛调查存在缺采。本书共记录武夷山国家公园江西片区蜘蛛种类223种，江西省新记录种39种，待发表的新种7种。本书的出版为武夷山国家公园生物多样性保护提供了本底资料，但因武夷山国家公园地形、生境及调查面积的局限性，后期仍有补充调查的必要性。

第二节　蜘蛛的形态学特征

一、蜘蛛外部特征

　　蜘蛛隶属节肢动物门蛛形纲蜘蛛目,其形态各异,雌雄异性,即蜘蛛为雌雄异体受精,雌蛛产卵发育为新个体。蜘蛛体长从 0.5～80 mm 不等,同一物种存在个体不同时期大小不同现象。体表为几丁质外骨骼,但蜕皮过程中体壁柔软,退完皮后体表颜色会开始变化,由浅棕色变为深棕色或浅白色变为深色。身体分为头胸部和腹部,中间由腹柄连接。头胸部由 6 对附肢组成,即 1 对螯肢、1 对触肢和 4 对步足;背面具单眼构成,绝大多数种类为8 眼蜘蛛,也有 6 眼、4 眼、2 眼或无眼蜘蛛,两侧对称排列,而洞穴蜘蛛有些种类其眼为退化眼,即只能看到眼的痕迹而没有眼的视觉作用;腹面前端为口器;内部具胃、毒腺和神经系统等结构。蜘蛛腹部结构复杂,无附肢,具生殖系统(精巢或卵巢)、气管、书肺、丝腺、肠道等结构,纺器通常位于腹部后端,纺器数目不同,腹部背面有心肌或腹板等结构。

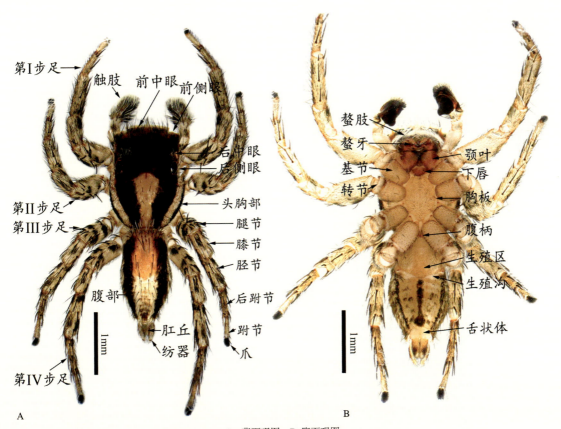

A 背面观图;B.腹面观图

图 1　条纹蝇虎蜘蛛背面观图和腹面观图

蜘蛛背面观和腹面观部分结构如图1。

（一）头胸部

头胸部由头部和胸部两部分愈合在一块，背面的外骨骼称为背甲，腹面的外骨骼称为胸板。背甲中间一般具"U"形的颈沟，作为头部和胸部的分界线；背甲靠后中间具凹陷的为中窝，向两侧辐射出去的斑纹为放射沟，也有些种类中窝向上突出，中窝一般呈横向，也有纵向或圆弧状或小酒窝状，有些种类中窝明显或没有；放射沟指向方向一般为腹面的步足位置；背甲前部分主要是眼域，头部前端的螯肢、螯牙等。螯肢基部到眼域前端的垂直距离为额高，具体类型跟不同种类有关。头胸部主要集中视觉器官、神经器官、运动器官等。

（1）单眼：位于头部前方，多数种类为8眼，也有6眼、4眼、2眼或无眼，其眼的大小和排列方式常作为分类的依据之一，眼的分布类型如图2所示。

通常眼2列排列，每列4眼，其眼的位置可分为前中眼（AME）、前侧眼（ALE）、后中眼（PME）和后侧眼（PLE）。眼与眼之间的间距为眼距，可分为前中眼间距（AME-AME）、

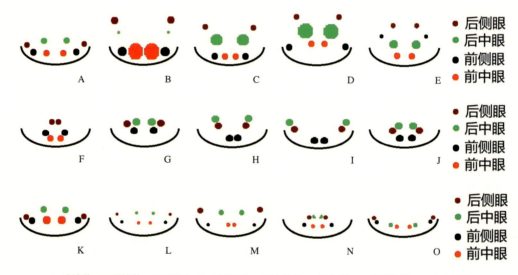

A.球蛛科；B.跳蛛科；C.狼蛛科；D.妖面蛛科；E.猫蛛科；F.弱蛛科；G.卵形蛛科；H.花皮蛛科；
I.刺客蛛科；J.类石蛛科；K.园蛛科；L.逍遥蛛科；M.蠨蛛科；N.拟壁钱蛛；O.拟扁蛛科

图2　蜘蛛眼分布类型

前侧眼与前中眼间距（ALE-AME）等；前中眼与后中间之间为中眼域，常测量中眼域长、前宽和后宽。有些类群的蜘蛛眼周边具眼环，眼也分夜眼和昼眼。

（2）口器：蜘蛛的口器主要用作吮吸汁液，通过螯牙把毒液注射到猎物体内，被消化酶分解后进行吮吸；主要通过螯肢、颚叶、上唇和下唇等配合，螯肢的螯牙可以注射毒液、咬合猎物，然后用丝线包裹猎物，分解为液体状再进行吮吸。

（3）胸板：位于头胸部腹面中间位置，下唇的后方，形状多样，呈卵形、心形、椭圆形等。有些种类的胸板与下唇或愈合在一起或中间具一条分界线或明显分开；胸板边缘的形状也与步足的基节末端形态类型有关系，这也是分类的主要特征之一。

（4）附肢：为6对，第1对螯肢，第2对触肢，第3～6对是步足。

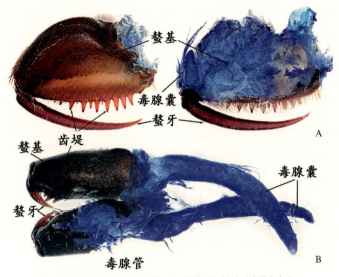

A.原蛛类螯肢（异囊地蛛）；B.新蛛下目螯肢（棒络新妇）

图3　蜘蛛螯肢和毒腺结构图

螯肢位于眼域前方额的下方，一般可以分为两个类型，螯肢向前延伸左右并排，为直螯类（图3A），主要是原蛛类群；螯肢左右相对排列垂直头部，为横螯类（图3B），主要是新蛛下目类群；但也有些类群的螯肢左右并不一定相对排列，而是有一些夹角。螯肢由螯基和螯牙组成，螯基内表面分布突起的齿堤，多数种类有前齿堤和后齿堤，螯基表面还分布长或短的细毛、刺、棘等。不同类群的螯肢大小和形状不同，有些类群的螯基外侧有侧结节，有些类群的螯基外侧有发声嵴，有些穴居型的蜘蛛螯基前端具多根硬刺的螯耙；多数种类蜘蛛具毒腺，原蛛类的毒腺在螯基内，毒腺直通螯牙，而新蛛下目的毒腺在螯基端部，分布于头部神经系统下方，形状多为长管状，毒腺管细长，穿过螯基内肌肉到螯牙。

触肢由6节组成：基节、转节、腿节、胫节和跗节。雄蛛的跗节特化为生殖器结构，称为触肢器，为雄蛛的交配器官，具储精和移精功能，其主要结构为生殖球和副跗舟。不同类群蜘蛛的生殖器结构不尽相同，可以分为简单生殖器和复杂生殖器。简单生殖器主要类群有原蛛下目、花皮蛛科和卵形蛛科等，其他类群为复杂生殖器类。生殖球结构复杂，主要有插入器、引导器、中突、盾片、亚盾片等。

步足分布于胸板两侧，有4对，由基节、转节、腿节、膝节、胫节、后跗节和跗节7节组成，跗节末端具爪，一般可分为2爪类和3爪类，在各类群步足表面分布不同的毛，如羽状、棒状、锯齿状和鳞状等。听毛细长，为某些类群的重要特征。遁蛛科跗节腹面具稠密的短而坚硬的毛丛，适应游猎攀爬；球蛛科在第Ⅳ步足跗节具锯齿状毛梳；蟢蛛科在第Ⅳ步足后跗节有1～2列由刚毛组成的栉器。步足延展方向可分为两个类型，一类前两对步足向前延伸，后两对步足向后延伸；另一类4对步足向两侧延伸，特别是蟹蛛科种类这一特征比较明显。

（二）腹部

蜘蛛的腹部通过腹柄与头胸部相连，有些类群其结构明显，有些或直接连接头胸部。

蜘蛛腹部通常为卵圆形，不同种类形状各不相同，腹部的形状、色泽和斑纹随物种而异。腹部背面常具肌斑、横纹、纵纹或"人"字纹等斑纹，有些种类腹部背面几丁化严重，包裹整个腹部背面，有些原始种类腹部背面还具骨化背板，分块排列；腹部背面常覆盖细毛或绒毛。

（1）腹柄：连接头胸部和腹部的结构，一般呈圆柱状，而有些种类完全由腹部覆盖，腹柄不明显，原始种类腹柄较短直接与腹部连接。

（2）生殖沟和外雌器：腹部腹面的前半部有1条凹陷的沟，为生殖沟，其中间部位是生殖系统的开口位置，即生殖孔，生殖沟中间前方的一块区域为生殖区。雄蛛的生殖区无明显特征，而雌蛛的生殖区多数种类具有与生殖孔相关联的许多骨片状结构，为外雌器。某些科的种类无外雌器、无明显特征，内部结构简单。雄蛛的生殖系统成熟后，通过生殖孔把精子排到蜘蛛丝上，再用生殖球的插入器吸取精液，并储存精子。雌蛛外雌器结构一般较为复杂，有交媾腔、交媾孔、交媾管、纳精囊、受精囊等。有些种类的外雌器内部结构简单，只有纳精囊孔和纳精囊构成。

（3）书肺和气孔：蜘蛛的主要呼吸器官。蜘蛛的书肺位于腹部腹面生殖沟的两侧，书肺孔朝下，原蛛类的书肺两对，一对在生殖沟上边缘，外雌器两侧，书肺孔在生殖沟上，另一对在生殖沟下方；气孔一个，一般位于纺器前端。根据呼吸器官的不同，可以把蜘蛛分类几类：两对书肺无气孔型（如线蛛科）；一对书肺一对气孔型（如卵形蛛科）；一对书肺无气孔型（如幽灵蛛科）；无书肺一对气孔型（如愈螯蛛科）；无书肺两对气孔型（如泰莱蛛科）；一对书肺单气孔型。

（4）纺器：中纺亚目蜘蛛的一般位于腹部腹面中间，后纺亚目蜘蛛一般位于腹面后端，指状，表面还具有很多细管状突起为纺器管，多数种类为3对，少数原生种类有4对，部分种类仅有2对或1对。3对纺器的蜘蛛，按其着生位置，常分为前纺器、中纺器和后纺器。中纺器最短小，仅一节；其余两对纺器各由两节构成，而后纺器也由三节或四节构成的。

（5）筛器：有些蜘蛛纺器前方有一筛状结构，称为筛器，为一横板，完整或左右分隔。筛器能分泌极细的丝纤维，这些纤维通过蜘蛛在第Ⅳ对步足后跗节背面由栉器梳理后，形成蓬松状的细丝，更好物理缠结捕获猎物，这也是分类科级界元的主要特征。

（6）舌状体：许多无筛器类蜘蛛，在其位置就有一细尖或丘状的舌状体，分类鉴定的一个特征，有的扁平，有的只有几个细毛。

（7）肛丘：位于腹部后端、纺器后端，是消化系统的肛门口，呈扁平。蜘蛛排泄废物时一般是向上喷射而出，如果用手抓蜘蛛时，蜘蛛收到刺激也会排出黑白色液体状排泄物，如果附着在人的皮肤表面也会留下黑色印记；室内比较常见的种类广西蠊蛛 *Uloborus guangxiensis* Zhu, Sha & Chen, 1989 常生活在室内天花板上，如果桌面能看到很多黑白色斑点就是其排泄物。

二、蜘蛛内部结构

（一）骨骼和肌肉

蜘蛛发育过程中需要蜕皮，具外骨骼，由起保护作用的角质层、下皮层等构成。

蜘蛛的外骨骼结构独特，对其生存和活动意义重大。它主要由三层构成，最外层是灰褐色且具有保护功能的角质层，中间为下皮层，最内层则是薄膜状的基底膜。外骨骼的颜色来源较为多样：一方面，蜘蛛体表毛的细微结构以及鳞片会通过光波干涉产生结构色；另一方面，角质层自身有时也能因特殊的物理性质产生干涉色。不过，大多数蜘蛛呈现出的颜色主要源自下皮层或中肠盲管中的各种色素。在蜘蛛的头胸部，存在一块被称为"内骨骼"的结构，即内胸板。但严格来讲，它并非真正意义上的内骨骼，而是由外胚层内陷形成的一块水平状的板。与蜘蛛附肢运动以及吸胃活动相关的肌肉，都附着在这块内胸板上。蜘蛛的附肢在运动机制上也有其特殊性。附肢内部仅含有横肌，而附肢的伸展动作，主要依靠节内血压的变化来进行控制。这种独特的肌肉和运动控制方式，使得蜘蛛能够完成各种复杂的动作，以适应不同的生存需求。

蜘蛛的肌肉系统与其他节肢动物类似，主要由横纹肌构成。这些横纹肌广泛分布于蜘蛛的体壁、附肢以及相关器官上，为蜘蛛的各种生命活动提供动力。在体壁上，由于体节的消失，肌肉出现退化现象，并不发达，仅存在一些呈环形和纵行分布的肌肉。这些肌肉虽然相对弱小，但在维持蜘蛛身体形态以及辅助一些基本的生理活动方面仍发挥着一定作用。

附肢是蜘蛛进行捕食、移动等重要活动的关键部位，其肌肉多集中于头胸部内部。这种分布方式能够为附肢的灵活运动提供有力保障。具体而言，这些肌肉的一端附着在体壁内侧，尤其是内胸片以及其他特定部位；另一端则朝着附肢基部延伸，并固定在附肢内壁上。通过肌肉的收缩与舒张，蜘蛛的附肢得以实现各种复杂而精准的动作。

值得注意的是，纺器作为蜘蛛腹部特化的附肢，拥有独特的肌肉结构。主要包括从腹柄经过第一、第二、第三内腹片，再延伸至纺器的纵腹肌，这类肌肉对纺器整体运动起着关键作用；还有从第三内腹片直接伸向纺器的肌肉，它们在控制纺器的具体动作方面不可或缺；此外，纺器各节之间也存在肌肉，这些肌肉使得纺器各节之间能够协调配合，确保蜘蛛在吐丝结网等活动中，纺器可以高效地完成任务。

（二）神经系统和感觉器官

1. 神经系统

蜘蛛的神经系统与其独特的身体结构相适应。在发育过程中，随着体节的消失，成体蜘蛛的神经系统出现了高度向头胸部集中的现象，这一点与一般节肢动物的链状神经系统有所差异。在胚胎时期，蜘蛛还存在按体节排列的腹神经节，但到了成体阶段，这些腹神经节便不再存在。

蜘蛛的中央神经系统主要由环绕食道的食道上神经节和食道下神经节构成。在蜘蛛体内，食道上、下神经节会集合形成一个整体结构，此时腹神经节已消失不见。而从中央神经系统发出并分布到内脏器官的神经，则共同组成了内脏神经系统。

咽上神经节，也就是我们常说的"脑"，它位于消化道的上方。咽上神经节负责发出神经，这些神经连接到蜘蛛的眼睛和螯肢，从而实现对视觉和捕食相关动作的控制。咽下神经节则处于消化道下方，它发出的神经延伸至触肢以及各步足，对蜘蛛的触觉感知和运动控制起着关键作用。咽下神经节向后延伸为一对腹神经索，从这对腹神经索上分出的神经，负责为腹部的各个器官传递神经信号。需要注意的是，蜘蛛的腹部并没有神经节，腹部的神经信号主要通过这对腹神经索进行传递和调控。

2. 感觉器官

蜘蛛的感觉器官多样且功能各异，包括眼睛、触肢、步足上的感觉毛和跗节器、听毛等。这些感觉器官帮助蜘蛛感知周围环境，完成捕食、防御、求偶等重要生命活动。

眼：蜘蛛的眼睛均为单眼，其表面覆盖着角膜。角膜是由体壁的角质层特化形成的，本身没有色素，并且在蜘蛛每次蜕皮时会进行更新。角膜下方是与体壁下皮层相连的角膜下皮层，再往下则是由视觉细胞构成的视网膜。每个视觉细胞都有一个含有细胞核的细胞体，细胞体通过神经纤维与中枢神经相连，以此实现视觉信号的传递。每个视觉细胞的一端还具有视杆，视杆是视觉细胞的感光部分。依据视杆与细胞核的位置关系，蜘蛛的眼睛可被分为两类。一类是直接眼，即位于头部第一体节的前中眼。这类眼睛的视杆直接对着角膜，而含有细胞核的细胞体则位于视杆之后。另一类是间接眼，包含其余6只眼，它们位于头部第二体节，有核的细胞体在前，视杆在后。一般来说，结网蜘蛛的视力相对较弱，仅能够辨别物体的方位，或者感知较大的光亮物体。不过，跳蛛和狼蛛的视力则较为出色，它们可以看到距离自身8～33厘米远的运动物体，这使得它们在捕食和躲避天敌时更具优势。

听毛：广泛分布在蜘蛛的步足和触肢上，别看它只是小小的毛发状结构，却有着多种重要功能。它不仅能够帮助蜘蛛感知声音，实现听觉功能，还能在蜘蛛结网时，辅助它们在网上进行精准定位。此外，听毛还可以探测气流的变化，让蜘蛛提前察觉周围环境的动静，并且能维持肌肉的紧张状态，为蜘蛛随时准备行动提供支持。

琴形器：表现为细小的裂缝，在蜘蛛身体的许多部位都能找到，如螯肢和胸板的表面，以及步足各节（跗节除外）的末端。琴形器可以单个出现，也可以多个同时存在。它具有多种感知功能，能够感受振动、机械触觉，还能对化学刺激做出反应，进而控制蜘蛛的运动和其他肌肉动作。不过，并非所有蜘蛛都有琴形器，在许多没有琴形器的蜘蛛种类中，其功能会由其他感觉器官替代，以确保蜘蛛仍能正常感知周围环境。

跗节器：位于步足和触肢的跗节背面，通常呈现为一圆顶形隆起，隆起的顶部有孔，内部底部则有一个或数个小突起。目前对于跗节器的功能，学界还存在一定的研究和讨论。有人认为跗节器具有嗅觉功能，能够帮助蜘蛛感知周围环境中的化学信号；也有人提出，跗节器或许能帮助蜘蛛探测空气中的水分子，这对于蜘蛛适应环境、寻找水源或猎物都可能有着重要意义。

（三）发声嵴

发声嵴是蜘蛛用触肢或第Ⅰ步足上的粗毛或长棘在螯肢基部侧面位置进行发声的部位。部分皿蛛科的雄蛛或栅蛛科某些种类的螯基外侧具紧密排列的横沟，为发声嵴；部分蜘蛛的螯肢可能通过表面突起褶皱形成嵴纹来感知猎物，粗毛或长棘接触时产生振动并传送信号。

小型蜘蛛发出的声音人耳听不到，某些大型蜘蛛发出的声音可被人耳接收到。可推测蜘蛛发声也许与求偶和警戒有关。

（四）毒腺

毒腺一般可以分为两大类，一类是原蛛类的毒腺在螯肢内，埋在螯肢肌肉内，直接与

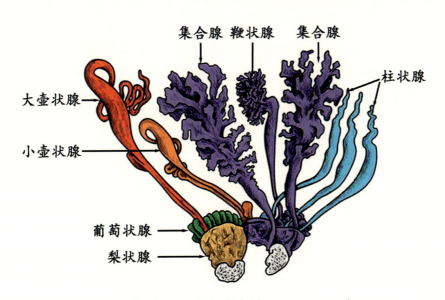

图 4　蜘蛛丝腺名称及结构示意（引自 Gordon W., 2017）。

螯牙相连；另一类是新蛛下目的毒腺在螯肢外部，螯肢内有毒腺管通向螯牙。毒腺囊一般为长柱状，埋在头胸部前端，蜘蛛大脑下发。原蛛类的七纺蛛和新蛛下目的蠕蛛没有毒腺，其他种类都具有，大小和形状，不同时期的蜘蛛毒腺也有变化，其结构名称如图 3 所示。

（五）丝腺

丝腺位于腹部后端腹面，每个腺体由一单层细胞和一腺腔组成，由纺器上的纺管或筛器上的孔通出。丝腺的大小及数目随着蜘蛛的成长和逐次脱皮而增加。腺体可分为如下几种类型（图 4）。

大壶状腺：分泌牵引丝，是蜘蛛丝中机械性能最优异的类型，用于构建蛛网框架、逃生垂降、捕食时的"安全绳"等；在应用方面是人造蜘丝研究的主要仿生对象，用于防弹材料、人造韧带等。

小壶状腺：分泌辅助牵引丝，用于加固蛛网框架或连接其他丝线，强度略低于大壶状腺丝；其特征是它的蛋白质序列中富含甘氨酸和丙氨酸，但模块重复次数较少，导致机械性能稍弱。

葡萄状腺：分泌黏性捕获丝，构成蛛网的螺旋部分，表面覆盖胶状物质以黏附猎物；其特点是黏性由亲水性蛋白和吸湿性化合物维持，可在不同湿度下保持黏性。

柱状腺（管状腺）：分泌卵囊丝，包裹卵粒形成保护层，具有高韧性和抗微生物特性；

其特征是它的丝蛋白中富含丝氨酸和脯氨酸，形成紧密的 β - 折叠结构以增强防护性。

鞭状腺：分泌弹性丝，构成蛛网的弹性螺旋核心，可拉伸至原长度的 4 倍以上，吸收猎物冲击能量；其特征是它的蛋白质链中含有大量甘氨酸 – 脯氨酸 – 甘氨酸重复序列，赋予其超弹性。

梨状腺：分泌附着丝，用于将蛛网固定于支撑物（如树枝、墙面），具有强附着力和抗剪切性；其主要作用是丝蛋白末端形成微钩结构，与接触面机械互锁，同时分泌黏性物质增强结合。

集合腺：分泌连接丝，用于黏合不同丝线或修补蛛网，黏性极强且可快速固化；其主要成分是脂质和糖蛋白混合物，接触空气后迅速硬化形成黏结层。

鞭状腺：部分原始蜘蛛（如筛器蛛科）特有，分泌极细的蓬松丝，通过静电吸附捕捉微小昆虫。

蜘蛛的丝腺系统高度特化，不同腺体通过分泌功能各异的蜘蛛丝，支持其生存、捕食与繁殖需求。

（六）消化系统

蜘蛛的消化系统可以分为口器、食道、吮吸胃、中肠、胃盲囊、后肠、马氏管以及排泄器官等部分。口器包括螯肢、毒腺和消化液分泌腺，螯肢咬碎猎物，毒腺分泌毒素麻醉或杀死猎物，消化液分泌腺释放消化酶到猎物体内启动体外消化；食道是连接口器与吸胃的管道；吮吸胃是肌肉发达的囊状结构，通过收缩产生负压，吸食液化食物；中肠负责进一步消化和吸收；胃盲囊为分支状结构，可扩大吸收表面积，并临时储存食物；后肠负责浓缩废物并形成固体残渣；马氏管位于中后肠交界处，可过滤血液中的代谢废物，排入后肠，其作用是负责排泄含氮废物，类似于其他节肢动物的排泄系统；肛门排出未被吸收的残渣。

蜘蛛的消化系统通过体外消化与高效吸收的协同作用，适应其捕食习性。吮吸胃、胃

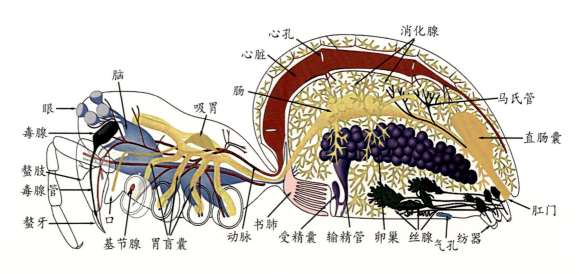

图 5　蜘蛛内部结构（引自维基百科 Wikipedia）

盲囊和马氏管等结构体现了对液态食性和生存环境的独特适应。

（七）排泄系统

排泄系统由马氏管、后肠和基节腺构成（图5）。

马氏管：细长的盲管状结构，位于中肠与后肠的交界处，通常成对分布，由胚胎发育时的中肠末端分化而来。其功能是主动吸收代谢废物（如尿酸、无机盐）和多余水分，将废物排入后肠。

后肠：连接中肠至肛门，内壁具有几丁质衬里。其功能是浓缩废物，将尿酸与未消化的食物残渣混合形成固态排泄物，最终通过肛门排出。

基节腺：部分原始类群保留基节腺，位于头胸部基节附近。其主要功能是分泌含氮废物（如尿素），通过开口排出体外。但在多数蜘蛛中，基节腺退化，排泄功能主要由马氏管承担。

蜘蛛的排泄系统以马氏管为核心，通过分泌尿酸、高效吸收水分及与后肠协作，适应干燥的陆地生活。其结构简单但高度特化，体现了节肢动物在进化中对干旱环境的成功适应。

（八）循环系统

蜘蛛的循环系统是由心脏、血管系统、血液与血腔等构成的开放式循环系统。心脏呈长管状，位于腹部背侧，紧贴背甲下方。多数蜘蛛有3对心孔（血液流入心脏的开口），血液从动脉流入组织间隙形成血腔，直接浸润器官进行物质交换，随后经静脉窦返回心脏。血管系统分为前主动脉、后主动脉和腹动脉。前主动脉主要负责输送血液至头部器官，后主动脉主要负责供应腹部器官，腹动脉主要负责向消化系统、生殖器官等供血。小型蜘蛛循环系统简化甚至退化，依赖扩散完成物质运输，而大型蜘蛛则具备发达的心脏和血管以适应更高的代谢需求。

蜘蛛的循环系统以开放式结构和心脏为核心，通过血液运输氧气、营养及代谢废物，同时参与免疫和身体支撑。其复杂程度与蜘蛛的体型、生活习性及环境密切相关，体现了对陆地生活的适应性进化。

（九）呼吸系统

蜘蛛的呼吸器官主要包括书肺和气管。不同种类的蜘蛛可能依赖不同的呼吸结构，有些可能同时具备这两种结构，而有些可能只有其中一种。例如，较原始的蜘蛛可能主要使用书肺，而较进化的种类可能更多依赖气管系统。书肺是蜘蛛体内的一种呼吸器官，通常位于蜘蛛腹部的前部，通过体表的气孔与外界相通，由许多层叠的薄片组成，类似书页，因此得名。这些薄片充满血液（血淋巴），通过扩散作用进行气体交换。蜘蛛的气管与昆虫的气管类似，由一系列管道组成，直接将氧气输送到组织，减少了对血淋巴的依赖。气管系统可能更高效，尤其是在活动量大的蜘蛛中，能够更快地输送氧气。并非所有蜘蛛都有发达的气管系统，有些可能主要依赖书肺。

呼吸系统的结构可能因蜘蛛的生活习性和环境而有所不同。例如，穴居蜘蛛可能需要更高效的呼吸系统来应对低氧环境，而水栖蜘蛛可能有适应水下呼吸的特殊结构。不过，大部分蜘蛛还是陆生的，依赖书肺和气管。较小的蜘蛛可能更多地依赖扩散作用，而较大的蜘蛛可能需要更复杂的呼吸结构来满足氧气需求。但蜘蛛通常体型不大，所以它们的呼吸系统与其体型和代谢需求有关。

（十）生殖系统

（1）雌蛛的生殖系统由卵巢、输卵管、纳精囊、外雌器和腺体构成。卵巢为成对囊状结构，位于腹部前端背侧，内部充满卵母细胞，卵母细胞通过卵黄生成积累营养，成熟后进入输卵管。输卵管连接卵巢与生殖孔，负责输送成熟卵细胞至体外。纳精囊主要功能是储存交配时接收的精子，控制精子释放以完成受精。外雌器是位于腹部腹面的外骨骼特化结构，形态多样（如凹陷、突起或复杂管道），一般由交媾孔、交媾管、纳精囊和受精囊构成，是分类的重要依据。原蛛类的受精卵在腹部腹面是可以看到的。

（2）雄蛛的生殖系统由精巢、输精管、储精囊和触肢器构成。精巢为成对管状结构，位于腹部前端，产生精母细胞并通过减数分裂形成精子。输精管连接精巢与储精囊，输送未成熟精子至触肢器。储精囊临时储存精子，如园蛛科雄蛛的储精囊分泌液体包裹精子形成精包。触肢器结构是蜘蛛分类鉴定的主要结构，其结构特征与种类有很多区别。

第三节　蜘蛛的生物学特征

一、生活环境和捕食行为

蜘蛛主要以捕猎其他节肢动物为食，在不同生态位中蜘蛛类群分布具有规律性。一般根据蜘蛛的捕食及活动区域可以分为结网型蜘蛛、游猎型蜘蛛和穴居型蜘蛛或地表结网型蜘蛛。植被贫瘠的沙漠和荒山也能发现蜘蛛存在，只是种类和数量相对较少。结网型蜘蛛种类或数量在所有蜘蛛中占比较大，活动范围有限但扩散区域较其他两类蜘蛛更大，捕食到食物的量也相对多，结网的大小一般与蜘蛛的个体大小和食物充足程度有关系。例如，园蛛科摩鹿加云斑蛛 Cyrtophora moluccensis (Doleschall, 1857) 在灌木丛的树枝之间结大型的不规则皿网，在其网上分布不同体型的蜘蛛种类，是一定数量的球蛛科种类和肖蛸科中型蜘蛛种类，这是一种协同捕食不同大小的昆虫，达到互利共生的状态。也有一些皿蛛科、球蛛科蜘蛛在落叶层的叶片内或叶片之间结小型网，活动范围或区域有限。游猎型蜘蛛如跳蛛科、盗蛛科、猫蛛科、平腹蛛科、拟平腹蛛科等在灌木丛叶片之间或地表落叶层中活动，捕猎其他节肢动物为食，活动范围一般比结网型蜘蛛大，主动捕食。穴居型蜘蛛或地表结网型蜘蛛主要为节板蛛科、原蛛下目和新蛛下目部分种类蜘蛛，平常躲于地下且在洞口有一活动的盖子，或在石块下面挖洞，或在地表缝隙或在树洞内结漏斗状网，如线蛛科、盘腹蛛科、地蛛科、大疣蛛科等。

大型蜘蛛的捕食能力非常强，不仅会捕食节肢动物，有时也会捕食鱼类、两栖动物、爬行动物或鸟类，蜘蛛食谱的范围与个体大小有很多关系。生活在水面或水中的盗蛛科绞蛛属蜘蛛俗称捕鱼蜘蛛，这类蜘蛛成体或亚成体基本生活在小溪或水塘中，这些水环境中会有些小鱼，绞蛛有潜水能力，捕猎个体相对大小的小鱼为食也就是常态。捕鸟蛛科蜘蛛有些成体个体能长到 8 cm 左右，足展在 20 cm 左右，游猎捕食一些小型鸟类不在话下。遁蛛科的巨蟹蛛属有些种类可以捕食两栖动物中的姬蛙，这类蜘蛛捕食或活动区域比较大，夏天的夜间行动迅速，捕食两栖动物敏捷，螯牙咬合肌肉可边分解边吸食汁液。

蜘蛛生存的生境与节肢动物活动区域类似，有这些动物存在的地方基本上可以寻找到对应捕食行为的蜘蛛类群。

二、蜘蛛丝

蜘蛛丝是由蜘蛛丝腺种分泌出来的高蛋白物种，由丝腺中纺器管导出遇到空气凝结在一起，形成特殊结构，具有弹性、韧性和透气性。蜘蛛丝在蜘蛛不同阶段具有不同的作用。①飞翔，若蛛在从卵袋爬出时就基本为 3 龄了，母蛛会把卵袋或 3 龄若蛛带到较高处，等起风时若蛛放出蛛丝，蛛丝随风飘出一定长度，若蛛爬到丝线风口端后再切断丝，若蛛就可类似放风筝一样飞向空中，特别是皿蛛科有些种类在万米高空也能遇见。②纺织丝袋，游猎捕食的蜘蛛在蜕皮时为了防止天敌，在叶片或树皮内结丝袋，一般一端开口，要蜕皮时把袋口封上，等蜕完皮体表硬化好了，再出去捕食，如离塞蛛 *Thelcticopis severa* (L. Koch, 1875) 冬天在叶片或石块缝隙之间结丝袋，可以保护蜕皮也用于躲避冬天的寒冷，侧面说明丝带具有透气性，也有保温效果。③捕食猎物，结网型蜘蛛的蛛丝主要作用是织网，捕食猎物再把猎物进行包裹，注入毒液分解猎物后再进行吸食，如目金蛛 *Argiope ocula* Fox, 1938 雌蛛在灌木林的树枝之间结大型圆网，在相对大型的昆虫撞到网上时，目金蛛会迅速用纺器的丝包裹猎物，同时用螯牙注入毒液，可以麻痹猎物及让内部分解为液体，而在这圆网上面也会寄生一些个体比较小的球蛛科蜘蛛，捕食目金蛛捕食不到的小型猎物，达到互补。④蜘蛛丝具保暖透气，有些捕鸟蛛退皮时在地表结一层丝毯，可以防止地表螨虫在蜘蛛蜕皮过程中爬到蜘蛛体表，因为刚刚蜕皮的蜘蛛体表是非常脆弱的，而一些地表生活的蜘蛛用丝纺织成柱形网袋，防止水的倒灌和防止水分的蒸发作用。⑤蜘蛛丝也用于母蛛产卵时，把卵用丝包裹起来，有些卵袋丝有多层构成，有些就一层丝构成。⑥雄蛛的精子从生殖沟排到丝上面，再用触肢器的插入器吸入到贮精囊内。

蜘蛛丝在蜘蛛不同阶段、不同环境有不同作用，这种差异离不开其生活习性及生境的影响。研究人员基本认为蜘蛛是开始在地表捕食猎物，再慢慢上树捕食，后在树枝之间结网捕食，将这种变化作为蜘蛛分类的一个主要依据。

漏斗形网：漏斗蛛科的蜘蛛主要在石缝、地表、树洞或叶片之间结大型的、中间到后端为漏斗形的网，这些蜘蛛活动区域比较固定，高海拔区域也存在。

圆形网：大部分园蛛科和肖蛸科蜘蛛，在树枝之间或岩壁之间结横网、斜网或直网捕食猎物。

抛网：妖面蛛科蜘蛛在捕食过程中，先在自己第Ⅰ步足上结一个小型椭圆形网，遇到猎物经过或飞过时，把网抛撒出去捕获猎物。

不规则网：多数球蛛科蜘蛛在树枝之间结上下垂直的不规则皿网，常躲于叶片背面，有猎物闯入不规则网上时，会迅速过去注射毒液，猎物不会动时再用丝线包裹或直接注射分解液分解。

皿网：多数皿蛛科蜘蛛在落叶层叶片之间或树枝之间结一层细网；弱蛛科蜘蛛喜在树枝之间、岩壁石块之间或大石块下面，结一层级细的网。

三角网：这主要是蟷蛛科蜘蛛会在树枝之间拉出3条丝线，在一个夹角内纺出丝线，常躲于丝线上方，等有猎物碰到丝网时用丝线缠绕猎物及注射毒液。

三、蜘蛛的天敌和防御

1. 天敌

蜘蛛的主要天敌是蛛蜂，其他鸟类、蜥蜴等对蜘蛛取食的概率比较低，反而有些大型蜘蛛还会捕食这类动物，动物之间的关系是相对的。在饲养蜘蛛过程中发现螨虫也会对蜕皮过程中的蜘蛛进行围攻捕食，但结网型蜘蛛的蛛丝可以隔断螨虫；在夏天和秋天的夜间蛛蜂常捕食夜间活动的蜘蛛，有些种类的蛛蜂对蜘蛛种类不挑，有些种类的蛛蜂特别喜欢挑选遁蛛科个体大的蜘蛛为幼蜂寄主。蜘蛛在自然环境中主要充当捕食者的身份。

2. 防御

蜘蛛防御性类型根据类群或个体形态而分。

假死：大部分球蛛科种类、某些园蛛科、蟹蛛受到触动时就会从网上或树枝中掉落下来，落在草丛后或叶片中，假死不动，依靠枯枝落叶伪装身体。

振荡：幽灵蛛科幽灵蛛属蜘蛛步足是体长的10倍左右，常悬挂在丝网上，形态类似某些双翅目昆虫吊在丝线上，遇到危险时振荡丝网让身体左右剧烈摇摆，通过这种形式威吓敌人。

吐唾液：园蛛科金蛛属有些蜘蛛，当人用手去抓它时，螯肢下方的口器会迅速吐出唾液，类似昆虫芫菁一样分泌唾液，还带有一些泡泡，其作用应该是在模仿芫菁的行为。

喷唾液：花皮蛛科的一些蜘蛛，在捕食过程中，通过螯肢及唇的作用喷射出具有黏性的唾液，控制住猎物再进行捕食。

拟态：园蛛科曲腹蛛属蜘蛛，常常躲在叶片背面，夜间再结网，有些蜘蛛的形态类似昆虫；蟹蛛科瘤蟹蛛属蜘蛛，外形极像一坨鸟粪，常被俗称为鸟粪蜘蛛；有些圆颚蛛科和拟平腹蛛科的蜘蛛外形与蚂蚁类似，但常以蚂蚁为食。

警戒色：园蛛科金蛛属多数蜘蛛腹部颜色鲜艳，在蛛网中间时具有警告鸟类或其他天敌的作用。

保护色：常躲于树皮上的长纺蛛科蜘蛛体表颜色类似树皮上的苔藓颜色，通过与苔藓颜色近似进行伪装；还有其他科的蜘蛛通过体色或形态进行伪装保护自身安全。

自断步足：有些蜘蛛种类的步足特别容易断，断下来的步足还具有一些运动功能，如幽灵蛛科的蜘蛛特别喜欢断足来自保。

四、发育和繁殖

蜘蛛发育属于不完全变态发育过程，要经过卵期—若蛛期（可蜕皮7～8或更多）—成熟期（可继续蜕皮）三个阶段。蜘蛛的生活史因种而异。大型的原始种类如捕鸟蛛，几年才完成一个世代。中等体型的狼蛛及管巢蛛，一般一年发生2～3个世代。小型的草间钻头蛛 *Hylyphantes graminicola* (Sundevall, 1830) 和八斑鞘腹蛛 *Coleosoma octomaculatum* (Bösenberg & Strand, 1906) 一年可发生6～7个世代。

雌雄异型：成熟的雌蛛、雄蛛多数存在雌雄异型。雄蛛一般较瘦小，而步足较长，个体明显较雌蛛差异巨大（如园蛛科的金蛛属、云斑蛛属和棘腹蛛属），形状也明显不同（如棘腹蛛属）。有的雌、雄大小相仿，但体色和体型显著不同，如蟹蛛科、隆头蛛科。有的某部位结构不同，如肖蛸科肖蛸属的雌蛛、雄蛛螯肢的大小和齿的数量。许多雄蛛在足上或螯肢上的刺或距，用于交配时把握住雌蛛。管巢蛛属、平腹蛛属中不少种类几乎为雌雄同形。

求偶与交配：一般情况下雄蛛先成熟，雄蛛个体一般比雌蛛个体小，但雄蛛各步足细长，一般长度大于雌蛛。雄蛛的精巢在腹部，生殖沟在腹部腹面，交配器在前触肢上，特此结构。

产卵与孵化：目前蜘蛛目种类都是卵生，还未发现有其他繁殖方式。卵生存在孵化过程，大多数蜘蛛把卵产下后用蜘蛛丝裹成卵袋形式，有些蜘蛛把卵袋挂在蜘蛛网上，如园蛛科、球蛛科等；有些蜘蛛把卵袋挂在腹部纺器后面，如狼蛛科大部分；有些蜘蛛把卵袋用螯牙挂起活动，如遁蛛科大部分、盗蛛科大部分；有原始穴居种类把卵放在洞穴内，如线蛛科、地蛛科等。也有一些母蜘蛛用叶片加蜘蛛丝裹成类似粽子形式，躲于里面产卵，待卵孵化后咬开丝，如红螯蛛科大部分、管巢蛛科大部分。卵的孵化周期与蜘蛛种类在什么时期产卵有关系，目前，蜘蛛在一年四个季节中都存在繁殖的类群和种类。

蜕皮：蜘蛛从卵孵化出来，1龄若蛛基本还不会活动，需要经过1～2次蜕皮后才能活动，有些会爬到母蜘蛛腹面，或母蜘蛛把卵袋带到较高灌木丛或草丛上，让3龄若蛛爬出卵袋，随风吹向的方向扩散到四周。只有极少种类的雄蛛可以在3龄时蜕皮为成熟个体，而大部分蜘蛛种类需要7～8次蜕皮才能成熟。大型蜘蛛的母蜘蛛产完卵后可以继续蜕皮且交配后再次产卵，捕鸟蛛科的蜘蛛基本有这一能力。蜘蛛蜕皮行为发生前一般不再进食，且找一个比较安全或结网袋在网袋内进行蜕皮，因为刚刚蜕皮出来的蜘蛛表皮柔软，颜色暗淡，一般要静待1～3天时间才能捕食猎物，也有些蜘蛛种类蜕皮速度很快。蜘蛛蜕皮过程中存在一定风险，常碰到其他捕食性昆虫的捕食。蜘蛛蜕皮头胸部裂开方式一般可以分为两种类型：一种为背甲后边缘裂开，腹部纺器用丝悬吊在叶片或树枝上，再把腹面抽出来，多为悬挂式蜕皮；另一种为原蛛类蜕皮，从背甲前边缘裂开，步足和触肢先慢慢抽出来，再把腹部表皮蜕掉，一般为爬俯卧式蜕皮。蜕皮为蜘蛛发育过程中的必须环节，不同龄期蜘蛛蜕皮困难程度一般也不相同。

第四节　蜘蛛的经济价值

蜘蛛作为地球上数量众多且分布广泛的生物类群，不仅在生态系统中扮演着不可或缺的角色，还在农业生产、医学和材料科学等领域具有重要的经济价值。

一、蜘蛛在生态系统中的作用

蜘蛛是生态系统中重要的捕食者，在维持生态平衡方面发挥着关键作用。它们主要以昆虫为食，包括许多对农作物、森林和人类生活有害的害虫，如蚊子、苍蝇、蚜虫、飞蛾等。通过捕食这些害虫，能够有效地控制森林生态系统、草地生态系统等生态系统中害虫种群的数量，减少了害虫对植被的侵害，从而间接地保护了森林和草地资源，降低了因虫害造成的社会经济损失。

此外，蜘蛛作为生态系统食物链中的一环，为众多鸟类、小型哺乳动物和其他捕食性动物提供了丰富的食物来源。它们的存在对于维持生态系统的物种多样性和食物链的稳定至关重要。如果蜘蛛数量大幅减少，可能会引发害虫种群爆发，进而影响整个生态系统的平衡，导致一系列连锁反应，对农业、林业和自然生态环境造成严重破坏。

二、蜘蛛在农业生产的利用价值

（1）生物防治：在农业生产中，利用蜘蛛进行生物防治是一种绿色可持续的害虫控制方法。与化学农药相比，蜘蛛对害虫的控制具有选择性，不会对非目标生物造成伤害，也不会导致农药残留问题，有利于保护生态环境和农产品质量安全。例如，在果园、蔬菜地和稻田中，一些常见的蜘蛛种类如狼蛛、蟹蛛、园蛛、皿蛛和球蛛等能够主动捕食多种害虫，有效地减少了化学农药的使用量，降低了生产成本，同时提高了农产品的品质和市场竞争力。

（2）生态指标：蜘蛛的种类和数量还可以作为衡量农田生态环境质量的重要指标。健康的农田生态系统中往往拥有丰富的蜘蛛多样性，而当农田生态环境受到破坏，如过度使用化肥、农药或遭受污染时，蜘蛛的生存和繁殖会受到影响，其种类和数量会相应减少。因此，通过监测蜘蛛种群的变化，可以及时了解农田生态系统的健康状况，为农业生产的科学管理提供依据。

三、蜘蛛毒素开发的经济价值

蜘蛛毒素是一种具有高度生物活性的复杂混合物，包含多种独特的蛋白质结构和多肽成分。这些毒素具有广泛的生物活性，如神经毒性、细胞毒性和酶活性等，在医学、生物科学和药物研发等领域展现出巨大的潜力。

（1）医学研究：蜘蛛毒素中的某些成分能够特异性地作用于人体神经系统的离子通道和受体，为研究神经信号传导机制提供了重要的工具。例如，间斑寇蛛 *Latrodectus tredecimguttatus* (Rossi, 1790) 的 α - 脂肪毒素通过在神经细胞中形成钙通道来破坏神经信号导致肌肉痉挛，帮助科学家深入了解神经细胞的生理功能和疾病发生机制，为开发治疗神经系统疾病（如癫痫、帕金森病和阿尔茨海默病）的药物提供了新的思路和靶点。

（2）药物研发：一些蜘蛛毒素具有显著的镇痛、抗炎和抗菌等药理活性，有望开发成为新型的药物。例如，从某些捕鸟蛛科蜘蛛毒液中提取的某些成分具有强大的镇痛作用，其效果比吗啡更强且成瘾性低，有望成为新一代的镇痛药物。此外，蜘蛛毒素还可以用于开发抗肿瘤药物，通过干扰肿瘤细胞的代谢和信号传导途径，抑制肿瘤细胞的生长和扩散。

（3）生物杀虫剂：由于蜘蛛毒素对害虫具有高度的特异性和毒性，将其开发为生物杀虫剂具有广阔的应用前景。与传统化学杀虫剂相比，基于蜘蛛毒素制成的生物杀虫剂具有高效、低毒、环境友好等优点，能够有效减少对非目标生物和环境的危害，符合现代农业可持续发展的要求。

四、蜘蛛丝开发的经济价值

蜘蛛丝是一种天然的高性能纤维材料，具有强度高、韧性好、弹性大、重量轻等优异特性，其强度比钢铁还要高，而重量却只有钢铁的 1/6，同时还具有良好的柔韧性和可降解性，在材料科学、纺织工业、生物医学等领域具有巨大的应用潜力。

（1）材料科学：蜘蛛丝的优异力学性能使其成为制造高性能材料的理想原料。例如，利用蜘蛛丝可以制造防弹衣、降落伞、绳索等产品，具有重量轻、强度高、防护性能好等优点，在军事、航空航天和户外运动等领域具有广泛的应用前景。此外，蜘蛛丝还可以用于制造高性能的复合材料，如与其他纤维材料复合，提高复合材料的强度和韧性，应用于汽车制造、建筑工程等领域。

（2）纺织工业：可以利用蜘蛛丝的柔软、光滑、透气、保温等特点，用于纺织高档面料和服装。用蜘蛛丝制成的衣物不仅穿着舒适，而且具有独特的光泽和质感，具有很高的市场价值。然而，由于蜘蛛丝的产量极低，目前蜘蛛丝大规模生产仍面临技术难题，限制了其在纺织工业中的广泛应用。但随着生物技术的不断发展，通过基因工程技术实现蜘蛛丝的大规模生产已成为研究热点，有望在未来打破这一技术瓶颈。

（3）生物医学：蜘蛛丝具有良好的生物相容性和生物可降解性，在生物医学领域具有重要的应用价值。例如，蜘蛛丝可以用于制造伤口敷料、缝合线、人体组织工程支架等医疗器械。用蜘蛛丝制成的伤口敷料能够促进伤口愈合，减少感染风险；蜘蛛丝缝合线具有强度高、柔韧性好、可降解等优点，能够减少患者术后的痛苦和拆线的麻烦；蜘蛛丝在人体组织工程支架方面可以为细胞生长和组织修复提供良好的三维材料，促进组织再生和修复。

各论

蜘蛛的基本结构特征：身体分为头胸部和腹部；腹部分节现象逐渐消失，具纺器；有丝腺及其相连的纺丝腺和开口于螯肢的毒腺；雄蛛的触肢跗节成熟时退变为次生性生殖器官。根据现行的蜘蛛目分类系统，可以分为：

中纺亚目 Mesothelae Pocock, 1892

七纺蛛科 Heptathelidae Kishida, 1923

节板蛛科 Liphistiidae Thorell, 1869

后纺亚目 Opisthothelae Pocock, 1892

原蛛下目 Mygalomorphae Pocock, 1892

新蛛下目 Araneomorphae Smith, 1902

截至目前，全球蜘蛛记录有 132 科 4288 属 5 万余种（2022 年 12 月底），中国记录了 70 科 830 属 5000 余种，江西武夷山国家公园共记录了 40 科 164 属 223 种，隶属原蛛下目和新蛛下目。根据中纺亚目中的节板蛛科和七纺蛛科分布情况，这两个科的种应该在低海拔地区有分布，采集方式有待改进。

一、漏斗蛛科 Agelenidae C. L. Koch, 1837

漏斗蛛通常为中小型蜘蛛。它们具有独特的身体特征：眼睛共 8 只，呈 2 列排列（每列 4 只）；后纺器分为两节，且长度超过其他纺器；步足末端生有 3 爪，多数种类没有筛器，如塔姆蛛属等少数类群具有筛器。漏斗蛛的体色普遍较为暗淡，多数种类的腹部背面带有数量不等的"人"字形斑纹。

在生活习性方面，漏斗蛛通常会在落叶层、灌丛、石块下、缝隙以及洞穴内编织漏斗形的网。值得一提的是，栖息在洞穴中的种类由于环境特殊，它们的眼睛出现了完全退化或半退化的现象，同时体色也变浅了。英文名：Funnel-weaver spiders 或 Grass spiders。

从分布和种类数量来看，全世界范围内，漏斗蛛科共记录有 95 属 1387 种，其中我国记录 36 属 450 种，武夷山国家公园江西片区记录 5 属 7 种。

1. 缘漏斗蛛 *Agelena limbata* Thorell, 1897

【鉴别特征】雌蛛体长 12～15 mm，头胸部中间有较宽淡黄色条纹，背板有放射纹；腹部椭圆形，背面有多个"八"字形条纹；各步足具细长刺。雄蛛体长 10～13 mm，体色较雌蛛暗一些，各步足为黄褐色，被细长刺。

【习　　性】喜在低矮灌木丛或外延灌木树枝较多处结漏斗形网，数根网丝吊于树枝间。

【地理分布】江西（武夷山、赣州上犹），云南；缅甸，老挝。

图 1

图 2

图 1　缘漏斗蛛（雌蛛）
图 2　缘漏斗蛛（雄蛛）

2. 森林漏斗蛛 *Agelena silvatica* Oliger, 1983

【鉴别特征】雌蛛体长 12～15 mm，头胸部中间有淡黄色纵条纹，其背甲两侧灰黑色条
纹，边缘淡黄色；腹部背面有 4 个"人"字形白条纹，中间具较宽灰褐色
纵条带，各步足腿节黄褐色，膝节黑色，纺器较长。雄蛛体长 9～12 mm，
其特征近似雌蛛，但步足较雌蛛长。

【习　　性】喜在低矮灌木丛或外延灌木树枝较多处结漏斗形网，网上被枯枝落叶。

【地理分布】江西（武夷山），河南，湖北，湖南，贵州，四川，云南，陕西，广西，广
东，安徽，浙江，上海，山东，台湾；俄罗斯，日本，韩国。

图 3
图 4

图 3　森林漏斗蛛（雌蛛）
图 4　森林漏斗蛛（雄蛛）

图 5 刺近隅蛛（雌蛛）

图 6 刺近隅蛛（雄蛛）

3. 刺近隅蛛 *Aterigena aculeata* (Wang, 1992)

【鉴别特征】雌蛛体长 12～15 mm，头胸部纵条白纹，其余淡黄色，背甲边缘白纹被细毛，额前被细毛，腹部背面有 2 细纵条白纹，中后端有 4 条"人"字形白纹，后纺器细长，各步足棕褐色，被细长棘。雄蛛体长 10～14 mm，其他特征近似雌蛛，各步足较雌蛛长。

【习　　性】常在地表落叶层结漏斗形网，主要为亚成体蜘蛛越冬，第二年 4—5 月成熟交配繁殖。

【地理分布】江西（武夷山、五指峰、井冈山），浙江，湖南，重庆，贵州，广西，青海。

4. 江永龙隙蛛 *Draconarius jiangyongensis* (Peng, Gong & Kim, 1996)

图 7 江永龙隙蛛（雌蛛）

【鉴别特征】雌蛛体长 10～12 mm，背甲浅黄色，具灰色放射纹，中窝纵向；眼域颜色较深，背细毛；腹部背面浅褐色，散布灰黑色条纹斑；步足深褐色，散布多根长刺，各节具灰黑色环纹。雄蛛体长 8～10 mm，颜色较雌蛛深，其他特征与雌蛛类似。

【习　　性】栖息于岩壁或土坡干燥环境中，倒贴岩壁或在破土中结网，一个区域内数量较多，一年四季都能采集到的种类。

【地理分布】江西（武夷山、赣州峰山、赣州杨仙岭、于都），湖南。

图 8 江永龙隙蛛（雄蛛）

5. 新月龙隙蛛 *Draconarius lunularis* Zhang, Zhu & Wang, 2017

【鉴别特征】雄蛛体长 7～10 mm，头胸部棕褐色，螯基前突明显，其两侧有基节；腹部背面黑褐色，有 4 对"人"字纹；各步足为棕褐色。雌蛛体长 7～9 mm，头胸部棕褐色，其他特征同雄蛛。

【习　　性】主要栖息于岩壁或石块下，结漏斗形网，每年 8 月为雄蛛成熟及与雌蛛的交配季节，10—11 月雌蛛产卵，雌蛛带卵越冬。

【地理分布】江西（武夷山），福建。

图 9　新月龙隙蛛（雌蛛）

图 10　新月龙隙蛛（雄蛛）

6. 阴暗拟隙蛛 *Pireneitega luctuosa* (L. Koch, 1878)

【鉴别特征】雌蛛体长 8～13 mm，背甲深褐色，中窝纵向凹陷，放射沟明显；额叶及下唇暗褐色，螯肢基部具橘黄色侧结节；各步足深褐色，腹面各节被多根长刺；腹部背面深褐色，1 对肌斑，腹部背面中间靠前往后具 4 对"人"字纹；腹部腹面浅灰色，散布灰黑色斑点。雄蛛体长 10～13 mm，各步足长度均大于雌蛛，其他特征与雌蛛类似。

【习　　性】主要栖息于树皮、石块、岩壁的缝隙间，结不规则漏斗形网。

【地理分布】江西（武夷山、宜春上高），湖南，浙江，江苏，安徽，河南，四川，陕西，山西，河北；朝鲜，日本，俄罗斯，中亚。

图 11　阴暗拟隙蛛（雌蛛）

图 12　阴暗拟隙蛛（雄蛛）

图 13 蕾形花冠蛛（雌蛛）

7. 蕾形花冠蛛 *Orumcekia gemata* (Wang, 1994)

【鉴别特征】雌蛛体长 8～10 mm，头胸部颜色棕褐色，螯基粗壮，额被多细毛，步足为黄褐色，被多细长刺，腹部卵圆形，灰褐色，背面有 4 对"八"字形短纹。雄蛛体长 7～8 mm，各步足总长度大于雌蛛，其他特征近似雌蛛。

【习　　性】主要栖息于树皮、岩壁的缝隙间，结漏斗形网，捕食在网边路过的小节肢动物。

【地理分布】江西（武夷山、赣州光菇山），湖南，四川；越南。

图 14 蕾形花冠蛛（雄蛛及交配）

二、暗蛛科 Amaurobiidae Thorell, 1870

暗蛛体型小型至中型,体长5～17mm,具8眼2列(4-4排列),体型与漏斗蛛类似,步足末端3爪,第Ⅳ步足后跗节具1列栉器,3对纺器较短,纺器前具分隔筛器。通常生活于矮灌丛叶片、落叶层、石块下和洞穴内,结丝状网,丝具一定黏性。英文名:Mesh-web weavers。

本科全世界共记录50属288种,其中我国记录2属12种,武夷山国家公园江西片区记录1属1种。

8. 槽胎拉蛛
Taira sulciformis Zhang, Zhu & Song, 2008

【鉴别特征】雌蛛体长约8 mm,头胸部黑色,8眼2列,各眼大小近似,腹部背面有白色斑,后半腹有3～4个"人"字形白斑,步足颜色棕色。雄蛛体长6～7 mm,头胸部颜色棕黑色,腹部颜色黑色,被多细毛,步足颜色暗棕色。

【习　性】主要栖息于低矮灌木或草本植物叶片间,结不规则丝网,躲于网内,雌蛛在丝网内产卵,繁殖季节在每年的5—7月。

【地理分布】江西(武夷山),福建,贵州。

图 15　槽胎拉蛛(雌蛛)
图 16　槽胎拉蛛(雄蛛)

图 15
图 16

三、近管蛛科 Anyphaenidae Bertkau, 1878

近管蛛体型小型至中型，体长 4～20 mm，8 眼 2 列（4–4 排列）；步足末端具 2 爪，梳状，爪下端具毛簇；气孔呈大弧形，位于腹部腹面中间位置，雄蛛气孔一般长于雌蛛。主要栖息于树皮、叶片、落叶层，游猎捕食。英文名：Tube spiders 或 Phanton spiders。

本科全世界共记录 4 属 37 种，其中我国记录 1 属 6 种，武夷山国家公园江西片区记录 1 属 1 种。

9. 武夷近管蛛 *Anyphaena wuyi* Zhang, Zhu & Song, 2005

【鉴别特征】雌蛛体长约 6～8 mm，两排眼，背甲棕褐色；腹部背面多被毛，后半部有一白毛斑块；各步足多长刺。雄蛛体长 6～7 mm，背甲棕褐色，中间放射线明显，背甲边缘多白毛；腹部背面后半部有一心形白斑，外加"一"字形白线斑；各步足长刺明显。

【习　　性】栖息于灌木叶片、树皮表面，游猎捕食，雌蛛喜裹叶片内产卵。

【地理分布】江西（武夷山、武功山），福建，台湾。

	图 17
图 19	图 18

图 17　武夷近管蛛（雌蛛）
图 18　武夷近管蛛（雄蛛）
图 19　武夷近管蛛（若蛛）

四、园蛛科 Araneidae Clerck, 1757

园蛛体型小型至特大型，体长 3～30 mm，有些属的种类雌蛛个体和雄蛛个体大小差距巨大，具典型性二型极显著。结大型圆网，8 眼 2 列（4-4 排列），着生于头部前列，有些种类两侧眼紧靠一块，有些种类两侧眼距离较大；螯肢粗壮，具侧结节；步足多长刺，末端具 3 爪；腹部形状变化多样，因种类不同差异较大，有些同种类也具有变化；有些种类结圆形网，其中间有修饰花纹，用于吸引捕食昆虫。英文名：Orb-weaver spiders 或 Garden spiders。

本科是全世界第三大科蜘蛛，为典型结网型蜘蛛代表，目前全世界共记录 189 属 3125 种，其中我国记录 46 属 374 种，武夷山国家公园江西片区记录 17 属 34 种。

10. 褐吊叶蛛 *Acusilas coccineus* Simon, 1895

【鉴别特征】雌蛛体长 10～12 mm，头胸部黄褐色，腹部卵圆形，背面中间有波浪形纹，步足后跗节和跗节多长刺，步足各节具浅灰色环纹。雄蛛体长 4～7 mm，头胸部棕黑色，腹部卵圆形，背面具 3 对肌斑，明显，步足深褐色。

【习　　性】主要栖息于灌木丛或竹林下方，依靠落叶卷曲为管筒状，白天躲于内，夜间依靠落叶物向四周结斜的或垂直性圆网。

【地理分布】江西（武夷山、于都、井冈山），江苏，浙江，湖南，四川，台湾；印度尼西亚（爪哇），马六甲地区，巴布亚新几内亚，日本。

图 20　褐吊叶蛛（雌蛛）

图 22　褐吊叶蛛（雄蛛）

图 21　褐吊叶蛛（雄蛛）

11. 五纹青园蛛 *Aoaraneus pentagrammicus* (Karsch, 1879)

【鉴别特征】雌蛛体长7～10 mm，背甲青绿色，中窝纵向；腹部卵圆形，背面浅绿色，背甲中间靠后部具5条横向波浪纹；各步足浅绿色，背面被多根长刺。雄蛛体长6～7 mm，腹部背面淡黄色，无花纹；其他特征与雌蛛近似。

【习　　性】主要栖息于桂花树，把叶片用丝卷成筒状，白天躲于叶片里面，夜间依靠这躲避的叶片为支点向四周结圆形网，捕食撞到网上的猎物，包裹好带回叶片内。

【地理分布】江西（武夷山、赣州），河北，湖南，台湾，广西，四川，贵州；朝鲜，日本。

图23　五纹青园蛛（雌蛛）

图24　五纹青园蛛（雄蛛）

图 25　黄斑园蛛（雌蛛－捕食）

12. 黄斑园蛛 *Araneus ejusmodi* Bösenberg & Strand, 1906

【鉴别特征】雌蛛体长 4～6 mm，头胸部深褐色，腹部圆形，背面中间两侧具波浪形白纹，其他为黄褐色，步足黄色。雄蛛体长 3.5～4 mm，颜色较深，其他近似雌蛛。

【习　　性】主要栖息于草丛、低矮灌木间，结圆形网，白天躲于叶片下或树枝间。

【地理分布】江西（武夷山、井冈山、赣州峰山、于都），湖北，湖南，福建，四川，贵州，台湾，山东，河南，上海，江苏，安徽，浙江；朝鲜，日本。

图 26　黄斑园蛛（雄蛛）

13. 大腹园蛛 *Araneus ventricosus* (L. Koch, 1878)

【鉴别特征】雌蛛体长 18～30 mm，头胸部灰黑色，螯肢被短刺，腹部前宽棱形，背面多具黑色巨齿纹，前上边缘两侧有小突起，各步足后跗节和跗节具较多短刺。雄蛛体长 10～15 mm，头胸部灰黑色，中窝明显，腹部淡灰色，背面后半具黑色巨齿纹，2 对黑色肌斑，步足灰黑色。

【习　　性】主要栖息于居民区周边，结大型圆网，网有黏性。

【地理分布】江西（武夷山、赣州光菇山、井冈山），湖南，湖北，福建，浙江，北京，黑龙江，吉林，内蒙古，青海，新疆，河北，陕西，山西，山东，河南，江苏，安徽，台湾，广东，广西，海南，云南，四川，贵州；朝鲜，日本，俄罗斯。

图 27　大腹园蛛（雌蛛）

图 28　大腹园蛛（雄蛛）

14. 八木痣蛛 *Araniella yaginumai* Tanikawa, 1995

【鉴别特征】雄蛛体长 4～5 mm，背甲淡黄色，胸部背面边缘为 2 条黑色纹；腹部背面淡黄色和白色混合，腹部后半部两侧有 3 对黑斑；步足具多短棘。雌蛛体长 5～6 mm，其他特征近似雄蛛。

【习　　性】主要栖息于灌木、草丛叶片下面，结圆网。

【地理分布】江西（武夷山），山西，台湾；朝鲜，日本，俄罗斯。

图 29　八木痣蛛（雄蛛）

图 30　伯氏金蛛（雌蛛）

15. 伯氏金蛛 *Argiope boesenbergi* Levi, 1983

【鉴别特征】雌蛛体长 12～15 mm，头胸部被白色绒毛，中窝横向，放射线明显，腹部背面具不同颜色斑纹，中间颜色深红色，后半部具白色斑点；腿节和膝节背面具白色细毛，其他各节具不同颜色环纹；各步足背面具多根长刺。雄蛛体长 3～4 mm，头胸部黄褐色，背甲少许白色绒毛，腹部淡黄褐色，各步足深褐色，步足各节具长刺。

【习　　性】栖息于灌木丛、草丛间，结竖的圆形网，繁殖季节雄蛛常跑到雌蛛的网上，有时会有多只雄蛛。

【地理分布】江西（武夷山、于都），浙江，湖南，台湾，四川，西藏，贵州；朝鲜，日本。

图 31　伯氏金蛛（雄蛛）

图 32　横纹金蛛（雌蛛）

16. 横纹金蛛 *Argiope bruennichi* (Scopoli, 1772)

【鉴别特征】雌蛛体长 17～20 mm，头胸部被白色绒毛，腹部背面前端为白色条纹，后面为黑色波浪条纹和黄色条带纹组成；边缘被白色绒毛；步足各节间黑色和淡黄色相间，步足各节具多根长刺。雄蛛体长 3～5 mm，背甲白色，腹部背面为深褐色；各步足深褐色。

【习　　性】主要栖息于农田及居民区周边的草丛，特别在水稻田中为常见种类，结大型圆网，一般静守于网中央，伺机捕食，遇到危险时快速逃离网或假死吊下地表。

【地理分布】江西（武夷山、赣州光菇山），福建，广东，广西，浙江，江苏，安徽，湖南，湖北，四川，云南，贵州，海南，河南，河北，山东，青海，新疆，内蒙古，辽宁，吉林，黑龙江；古北界。

17. 小悦目金蛛 *Argiope minuta* Karsch, 1879

【鉴别特征】雌蛛体长 8～13 mm，背甲被白色绒毛，中窝横向具放射线，眼区向前突出，腹部背面被 3 条白色和黄色横纹，棕褐色横纹中具白色斑点，步足各节具多根刺。雄蛛体长 4～5 mm，头胸部灰褐色，腹部灰褐色及被白色细毛，各步足多长刺。

【习　　性】主要栖息于小灌木丛间，结大型圆网，网中间有近"十"字形修饰线，遇到危险时，迅速假死吊下地表；雄蛛交配时寻找到雌蛛网，在雌蛛网内伺机寻找交配机会，雄蛛假死行为没雌蛛这么明显。

【地理分布】江西（武夷山，赣州），广东，台湾，福建，河南，广西，浙江，云南，贵州，安徽，湖南，湖北，四川；孟加拉国，东亚各国。

图 33	图 34
图 35	

图 33　小悦目金蛛（雌蛛）
图 34　小悦目金蛛（雌蛛，腹面观）
图 35　小悦目金蛛（雄蛛）

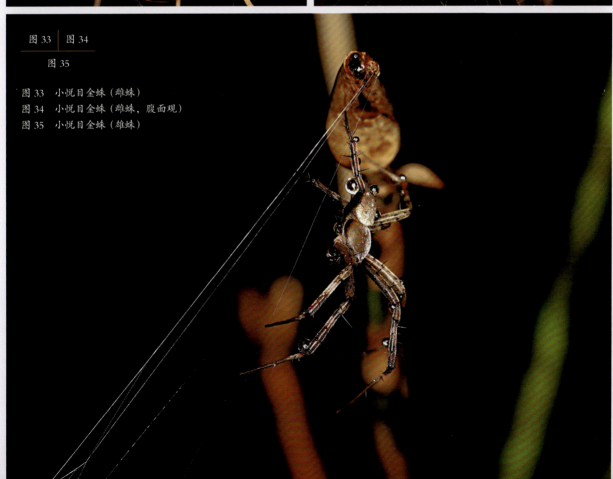

18. 目金蛛 *Argiope ocula* Fox, 1938

【鉴别特征】雌蛛体长 22～28 mm，背甲褐色，被白色绒毛；胸甲深褐色；腹部背面 5 对肌斑；腹部颜色多被棕褐色及白色斑块，步足腿节棕褐色，其他各节具环形白色，其余黑色。雄蛛体长 5～6 mm，颜色较深，其他特征与雌蛛类似。

【习　　性】主要栖息于灌木林或较高岩壁树杈间，结大型圆网，网的直径可达 2m，雌蛛不同龄期颜色都有变化，未成熟时腹部颜色非常鲜艳，呈橘黄色。

【地理分布】江西（武夷山、井冈山、信丰），台湾，福建，浙江，湖南，四川，贵州；日本。

图 36　目金蛛（雌蛛）

图37 目金蛛(雌蛛－刚蜕皮后)

图38 目金蛛(雌蛛－亚成体)

19. 三带金蛛 *Argiope trifasciata* (Forsskål, 1775)

【鉴别特征】雌蛛体长 12～20 mm，头胸部背甲被白色绒毛，两侧眼向前突起，腹部背面前半部被 3 条横向白纹，其 3 条白纹间被黄黑条纹相隔，腹部后半部被黄黑条纹相间；步足各节黑色，腿节被白色细毛；步足各节具多短刺。

【习　　性】主要栖息于低矮草丛或灌木丛间，结垂直圆网，网中间具"X"形修饰纹，有利于捕食。

【地理分布】江西（武夷山、上犹陡水湖），海南；除欧洲以外全世界分布。

图 39　三带金蛛（雌蛛）

20. 黑斑妤园蛛 *Bijoaraneus mitificus* (Simon, 1886)

【鉴别特征】雌蛛体长 5～7 mm，头胸部浅绿棕色，被稀疏白色绒毛，腹部背面主要为白色，前半部中间有 1 个黑斑，腹部末端有裂缝形的黑斑，步足浅绿色。雄蛛体长 4～5 mm，其他特征与雌蛛近似。

【习　　性】常见于桂花树，把叶片用丝卷成筒状，白天躲于叶片里面，夜间依靠这躲避的叶片为支点向四周结圆形网，捕食撞到网上的猎物，包裹好带回叶片内。

【地理分布】江西（武夷山、赣州峰山），湖南，广东，广西，浙江，香港，台湾，云南，四川，贵州，辽宁；巴基斯坦，印度，孟加拉国，泰国，柬埔寨，新加坡，菲律宾，巴布亚新几内亚。

图 40　黑斑妤园蛛（雌蛛）

图 41　黑斑妤园蛛（雄蛛）

21. 银背艾蛛 *Cyclosa argenteoalba* Bösenberg & Strand, 1906

【鉴别特征】雌蛛体长4~6 mm，头胸部灰黑色，中窝明显，腹部卵圆形，银白色，边缘黑色，2对黑色肌斑明显。步足各节黑色和浅褐色相间。雄蛛体长3~4 mm，眼域向前突起，腹部末端向上微翘，其他特征近似雌蛛。

【习　　性】喜在灌木林树枝间结圆网，无人干扰时在网中间等待猎物，有时网中间有白色修饰纹。

【地理分布】江西（武夷山、赣州峰山、井冈山），台湾，广东，福建，广西，云南，贵州，浙江，安徽，湖南，四川，河南；朝鲜，日本，俄罗斯。

图 42　银背艾蛛（雌蛛）

图 43　银背艾蛛（雌蛛）

图 44　双锚艾蛛（雌蛛）

22. 双锚艾蛛 *Cyclosa bianchoria* Yin et al., 1990

【鉴别特征】雌蛛体长 8～10 mm，头胸部黑色，腹部后端为钝形的卵圆形，背面中间及边缘为黑色，其他为银白色，有 2 对黑色肌斑；步足各节有浅灰色环纹，其他为浅黑色。雄蛛体长 4～5 mm，头胸部深褐色，腹部为较短卵圆形，步足各节具环形纹。

【习　　性】喜在潮湿的环境中结竖形圆网。

【地理分布】江西（武夷山、赣州峰山、信丰油山），湖南，湖北，广西，贵州，福建，台湾，广西，重庆，四川，西藏，海南。

图 45　双锚艾蛛（雄蛛）

23. **日本艾蛛** *Cyclosa japonica* Bösenberg & Strand, 1906

图 46 日本艾蛛（雌蛛）

【鉴别特征】雌蛛体长 5~7 mm，头胸部棕褐色，腹部颜色多变，腹部后端向上翘，背面中间有 1 条银色纵条纹，其前半有 2 对肌斑；步足腿节后半部、膝节、后跗节和跗节为黄褐色，其他为透明色。雄蛛体长 4~5 mm，头胸部黑色，腹部背面为浅黄色，末端为圆形，其他特征近似雌蛛。

【习　　性】主要栖息于灌木丛或草丛间，结圆形网。

【地理分布】江西（武夷山、井冈山、于都），湖南，福建，浙江，台湾，云南，贵州，四川，海南；朝鲜，日本，俄罗斯。

图 47 日本艾蛛（雄蛛）

24. 山地艾蛛 *Cyclosa monticola* Bösenberg & Strand, 1906

【鉴别特征】雌蛛体长 7~8 mm，头胸部深褐色，腹部卵圆形，后端钝形，背部主要为深褐色宽条纹，有 2 对黑色肌斑，步足黄褐色。雄蛛体长 4~5 mm，其特征近似雌蛛。

【习　　性】主要栖息于灌木下方阴凉处，结竖形圆网，网中间有很多被蜘蛛吃剩的昆虫壳或叶片碎物做装饰物，常躲在这些装饰物的中间隐蔽。

【地理分布】江西（武夷山、井冈山、于都），福建，台湾，浙江，安徽，河南，云南，贵州，湖南，湖北，四川，甘肃，新疆；朝鲜，日本，俄罗斯。

图 48　山地艾蛛（雌蛛）

图 49 八瘤艾蛛（雌蛛）

图 50 八瘤艾蛛（雄蛛）

25. 八瘤艾蛛 *Cyclosa octotuberculata* Karsch, 1879

【鉴别特征】雌蛛体长 9~11 mm；头胸部灰黑色，中窝明显，具放射线；腹部前半部具 2 个瘤状突起，后端具 6 个瘤状突起，腹部灰褐色，具白色条纹和黑色斑块；步足各节具多根刺，灰黑色为主。雄蛛体长 7~8 mm，头胸部亮黑色，中窝明显；腹部为金属黑色，具 8 个瘤状突起；步足腿节淡黄色，其他各节为灰黑色和深棕色相间。

【习　　性】主要栖息于灌木林间，结竖直圆网，网中间多为八瘤艾蛛捕食后的食物碎片，平常躲于这堆碎片中间位置，等待捕食猎物。

【地理分布】江西（武夷山、崇义阳明山、赣州峰山），台湾，广东，广西，福建，浙江，安徽，云南，贵州，湖南，湖北，四川，河南，陕西，甘肃，山东，辽宁，吉林；朝鲜，日本。

图 51 长脸艾蛛（雌蛛）

26. 长脸艾蛛 *Cyclosa omonaga* Tanikawa, 1992

【鉴别特征】雌蛛体长 6～8 mm，头胸部淡灰色；腹部后端尖突明显，背面多为类似鳞片的银白色，中间两对灰褐色斑，步足透明色和淡黑色相间。雄蛛体长 4～5 mm，眼域向前突出明显，头胸部为浅灰绿色；腹部多为银白色，末端为近圆形且有黑色斑。

【习　　性】主要栖息于较阴暗潮湿的地方，结竖直圆网，网中间的装饰物较少，夜间捕食时躲于网中间。

【地理分布】江西（武夷山），湖南，四川，贵州，浙江，安徽，云南，广西，台湾，香港，西藏；朝鲜，日本。

图 52 长脸艾蛛（雄蛛）

27. 五突艾蛛 *Cyclosa pentatuberculata* Yin, Zhu & Wang, 1995

【鉴别特征】雌蛛体长 5～6 mm，背甲黑色；腹部背面以灰黑色为主，带一些其他颜色花斑；腹部后端具 3 个突起，中间具 2 个突起；步足黑色。雄蛛体长 3～4 mm，其他特征与雌蛛类似。

【习　　性】主要栖息于灌木、岩壁潮湿地带之间结圆网，白天躲于阴暗处，夜间待在网中间进行捕食。

【地理分布】江西（武夷山），湖南，四川，海南，福建，广西。

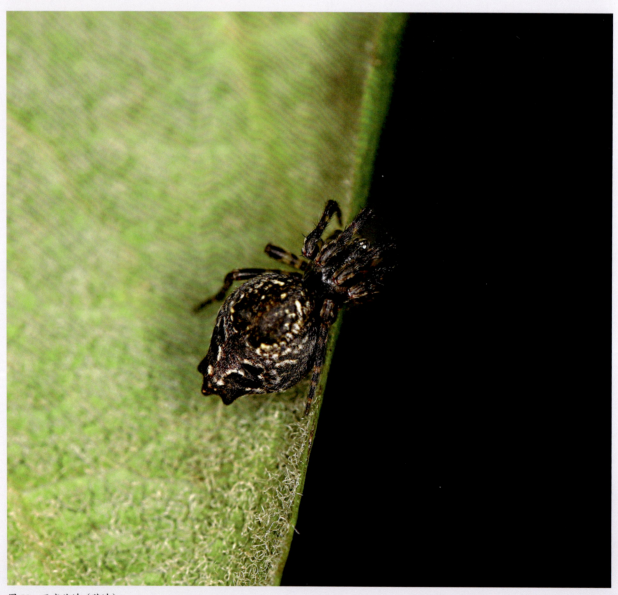

图 53　五突艾蛛（雌蛛）

28. 蟾蜍曲腹蛛 *Cyrtarachne bufo* (Bösenberg & Strand, 1906)

【鉴别特征】雌蛛体长 8～10 mm，背甲淡红褐色；两列眼且后曲；胸甲黄色；足步粗壮，黄褐色；腹部背面桃圆形，前端为淡黄褐色；腹部中间两侧为眼睛状红褐色及白色圆斑；肌斑 3 对；腹部下半部为深乳白色。

【习　　性】主要栖息于芦苇、茅草或低矮灌木的叶片背面，白天不结网，傍晚开始结网，并在网的丝线上吊有水滴状黏液，捕捉飞行的小型昆虫。

【地理分布】江西（武夷山），台湾，福建，云南，贵州，湖南，四川，河南；朝鲜，日本。

图 54　蟾蜍曲腹蛛（雌蛛）

图 55　汤原曲腹蛛（雌蛛）

图 56　汤原曲腹蛛（雌蛛）

图 57　汤原曲腹蛛（雌蛛－若蛛）

图 58　汤原曲腹蛛（雄蛛）

29. 汤原曲腹蛛 *Cyrtarachne yunoharuensis* Strand, 1918

【鉴别特征】雌蛛体长 3～5 mm，头胸部背面棕褐色；腹部两侧为宽的扁圆形；腹部背面中间有 5 个棕色斑，两侧有 2 个黑色斑；腹部背面中间 2 对肌斑明显；步足棕黑色。雄蛛体长 2～3 mm，背甲黄棕色；腹部背面黄褐色，被多根细长毛。

【习　　性】主要栖息于芦苇之间，白天常在芦苇秆背面休息，夜间在芦苇叶片之间拉几根长丝，在丝的下方吊多根带有黏液的长丝，当飞虫碰到黏液时就会被黏住。

【地理分布】江西（武夷山），湖南，福建，台湾，河南，云南，贵州；朝鲜，日本。

30. 摩鹿加云斑蛛 *Cyrtophora moluccensis* (Doleschall, 1857)

【鉴别特征】雌蛛体长15～25 mm，头胸背甲白色，被白色细绒毛，中窝明显；腹部背面具白色、橘红色等花色斑纹，鲜艳；步足被黑色和白色环纹，步足各节多短棘。雄蛛体长4～5 mm，体色主要以青绿色为主。

【习　　性】栖息于灌木树枝间结盖形皿网，常躲于网的下方捕食猎物，因个体较大，捕食不到一些小的昆虫，常有些球蛛科蜘蛛寄生在网上，会在原网的缝隙间结丝带，两种蜘蛛互相捕食不同个体大小的食物。

【地理分布】江西（武夷山、信丰油山、赣州峰山、井冈山、齐云山），福建，台湾，广西，浙江，安徽，河南，云南，贵州，四川，湖南；印度到日本，印度尼西亚，巴布亚新几内亚，澳大利亚，所罗门群岛，帕劳，密克罗尼西亚，斐济，汤加，波利尼西亚。

图 59

图 60

图 59　摩鹿加云斑蛛（雌蛛）
图 60　摩鹿加云斑蛛（雄蛛）

31. 卡氏毛园蛛 *Eriovixia cavaleriei* (Schenkel, 1963)

【鉴别特征】雌蛛体长 3～5 mm，头胸部背面灰白色，被白色细毛；腹部心形，后端微尖且微翘；背面 2 对肌斑，灰褐色，后半背面边缘为黑色。雄蛛体长 3～3.5 mm，背甲浅灰色；眼域中间纵条状黑线；中窝明显；其他特征类似雌蛛。

【习　　性】主要栖息于灌木林叶片下，结圆网，在网中间等待捕食猎物。

【地理分布】江西（武夷山、赣州峰山、信丰油山），福建，湖南，广东，广西，海南，云南，北京，甘肃，贵州。

图 61　卡氏毛园蛛（雌蛛）

图 62　卡氏毛园蛛（雄蛛）

图 63　拟尖腹毛园蛛（雌蛛）

32. 拟尖腹毛园蛛 *Eriovixia pseudocentrodes* (Bösenberg & Strand, 1906)

【鉴别特征】雌蛛体长 5～6 mm，头胸部黄褐色，被黄色细绒毛；腹部末端尖状且向上翘；腹部黄褐色，背面具 2 对肌斑；步足黄褐色。雄蛛体长 3～4 mm，其他特征与雌蛛类似。

【习　　性】常栖息于灌木林的叶片下，结圆网或悬于丝下进行捕食。

【地理分布】江西（武夷山），云南；泰国。

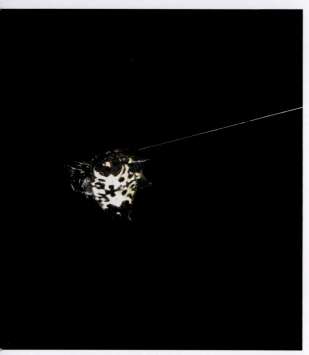

图 64　库氏棘腹蛛（雌蛛）

33. 库氏棘腹蛛 *Gasteracantha kuhli* C. L. Koch, 1837

【鉴别特征】雌蛛体长 6～8 mm，背甲黑色，头区被白色细毛；螯肢粗壮；腹部边缘具 3 对齿状突起；腹部背面白色，散布黑色纹，2 对黑色肌斑明显；步足黑色。雄蛛体长 1.5～2 mm，背甲黑色；腹部圆饼状，2 对黑色肌斑，腹部后半部具微隆起。

【习　　性】主要栖息于灌木林的树枝间结大型圆网，丝带上留白色修饰物，具黏性。

【地理分布】江西（武夷山、于都、赣州峰山），福建，广东，广西，台湾，香港，江苏，安徽，云南，贵州，湖南，河南，北京，山东，辽宁；印度到日本，菲律宾，印度尼西亚。

图 65　库氏棘腹蛛（雄蛛）

34. 环隆肥蛛 *Larinia cyclera* Yin et al., 1990

【鉴别特征】雌蛛体长 10～12 mm，头胸部浅黄色，被黄色细绒毛；腹部卵圆形，被细绒毛，前半部具 1 对黑色斑，中间为黄色长条状纹；步足多长刺，各节上具黑色斑纹。雄蛛体长 7～8 mm，其他特征与雌蛛类似。

【习　　性】主要栖息于草丛间结圆形网，白天躲于草的叶片背面，夜间在网的中间捕食猎物。

【地理分布】江西（武夷山），湖南。

图 66　环隆肥蛛（雄蛛）

35. 草芒果蛛 *Mangora herbeoides*
(Bösenberg & Strand, 1906)

【鉴别特征】雌蛛体长 7～8 mm，头胸部淡褐色；腹部背面白色，后半部具两条黑色点状斑。步足淡灰色，具短棘。雄蛛体长 4～5 mm，头胸部淡褐色，中间有纵条黑色条纹，中窝明显；腹部淡灰色，后半部具淡灰色点状斑。

【习　　性】主要栖息于低矮灌木林树枝间结圆网，每年的 10—11 月为交配繁殖季节，而本属中多数种类在每年春夏季进行交配繁殖。

【地理分布】江西（武夷山、赣州峰山），湖南，广西；朝鲜，日本。

图 67　草芒果蛛（雌蛛）

图 68　草芒果蛛（雄蛛）

图 69 松阳芒果蛛（雌蛛）

36. 松阳芒果蛛 *Mangora songyangensis* Yin et al., 1990

【鉴别特征】雌蛛体长 4～6 mm，背甲黄褐色；腹部椭圆形，背面前半部具黄色斑，2
　　　　　　对肌斑明显，后半部具 3 对黑色斑纹；步足黄褐色，背甲被多根长棘。雄
　　　　　　蛛体长 3～4 mm，特征类似于雌蛛。

【习　　性】主要栖息于矮灌木林的树枝间结圆形网，繁殖季节在每年的 4～5 月，海拔
　　　　　　高点的地方在 5～6 月。

【地理分布】江西（武夷山、赣州峰山），浙江，湖南，北京。

图 70 梅氏新园蛛（雌蛛）

37. 梅氏新园蛛 *Neoscona mellotteei* (Simon, 1895)

【鉴别特征】雌蛛体长 7~8 mm，头胸部白色，被白色绒毛；腹部背面多为绿色，散布黄色小斑点，腹部前缘为紫红色或白色；腹面 2 对明显肌斑；步足各节具多短棘。雄蛛体长 4~6 mm，头胸部深褐色，其他特征类似雌蛛。

【习　　性】喜在灌木林或草丛间结圆形网，白天躲于绿色叶片或其他躲避物内，夜间结网捕食，每年的 8—10 月为交配繁殖季节。

【地理分布】江西（武夷山、赣州峰山），福建，广西，河南，四川，湖南，河南，北京，台湾；朝鲜，日本。

图 71 梅氏新园蛛（雄蛛）

38. 多褶新园蛛 *Neoscona multiplicans* (Chamberlin, 1924)

【鉴别特征】雌蛛体长 8～10 mm，背甲浅棕色，具白色细绒毛，腹部黄棕色，中央有浅棕色齿状纹，步足各节具多短棘。雄蛛体长 5～7 mm，特征类似雌蛛。

【习　　性】喜在灌木丛之间结大型圆网，夜间在网中间捕食猎物，白天躲于阴暗处，每年 7～8 月为繁殖季节。

【地理分布】江西（武夷山、赣州峰山），湖南，浙江，福建，广西，海南，云南，贵州；朝鲜，日本。

图 72　多褶新园蛛（雌蛛）

39. 多刺新园蛛 *Neoscona polyspinipes* Yin et al., 1990

【鉴别特征】雌蛛体长 6～9 mm，背甲深褐色，被白色绒毛；胸部中窝和放射线明显；颚叶、下唇黑褐色；腹部后半部有波浪纹灰色斑或无斑；步足各节多具长棘。雄蛛体长 6～8 mm，颚叶、下唇深褐色；步足各节深褐色，无环斑；其他特征类似雌蛛。

【习　　性】喜在灌木丛、草丛间结圆形网，傍晚开始织网，夜间于网中间伺机捕食，白天躲于叶片或树枝上。

【地理分布】江西（武夷山），湖南，湖北。

图 73　多刺新园蛛（雄蛛）

40. 丰满新园蛛 Neoscona punctigera (Doleschall, 1857)

【鉴别特征】雌蛛体长 9～15 mm，步足各节多具长棘，腹部背面体色变化多样，也许与不同生境或遗传机制有关系。雄蛛体长 6～9 mm，步足各节多具长棘，头胸部和腹部颜色较深，头区被白色细绒毛；步足深色。

【习　　性】主要在灌木林间结圆形网，常见于南方的桂花树上，每年 7～8 月为交配繁殖季节。

【地理分布】江西（武夷山、赣州中央公园），福建，广东，台湾，广西，海南，安徽，湖南，四川，陕西，山西；法国留尼汪岛到日本。

图 74　丰满新园蛛（雌蛛）

图 75　丰满新园蛛（雌蛛）

图 76　丰满新园蛛（雌蛛）

图 77　丰满新园蛛（雄蛛）

图 78 棒络新妇（雌蛛）

41. 棒络新妇 *Nephila clavata* L. Koch, 1878

【鉴别特征】雌蛛体长 23～30 mm，头胸部灰黑色，被白色细绒毛；腹部多黄色斑纹，腹部两侧有血红色斑延伸到纺器周边；步足各节黑色，腿节、膝节和后跗节各具 1 淡黄色环纹。雄蛛体长 6～10 mm，背甲深褐色；头部微隆起，被白色细绒毛；腹部背面黄色花纹及棕色条纹相间；步足灰黑色。

【习　　性】主要栖息于灌木林间结大型不规则网，雄蛛成熟后不再进食，个体越来越小，而雌蛛越吃越大；棒络新妇的网上常寄生有小型球蛛科种类，在网上捕食其不能捕食的小昆虫，有时这类小型球蛛种类也会在其网的基础上结一些小型不规则网，达到互补作用。

【地理分布】江西（武夷山、赣州光菇山、赣州峰山），北京，河北，山西，辽宁，浙江，安徽，山东，河南，湖北，湖南，广西，海南，四川，贵州，云南，陕西，台湾；印度到日本。

图 79 棒络新妇（雄蛛）

42. 宽肩普园蛛 *Plebs astridae* (Strand, 1917)

【鉴别特征】雌蛛体长 12～15 mm；背甲浅黄色；中窝明显，黑色；头部微隆起，浅黑色，被白色绒毛；螯肢黑色；腹部前端宽、后端尖的梨形，前端两侧有两个突起；腹部背面多具浅绿色花纹；2 对肌斑明显；步足灰色和白色环形相间。雄蛛体长 5～7 mm，其他特殊近似雌蛛。

【习　　性】主要栖息于灌木林间结大型圆网，白天躲于有苔藓的树枝上或叶片上。

【地理分布】江西（武夷山、崇义阳明山），湖北，台湾，广西，浙江，湖南；朝鲜，日本。

图 80　宽肩普园蛛（雌蛛）

43. 叶斑八氏蛛 *Yaginumia sia* (Strand, 1906)

【鉴别特征】雌蛛体长 8～10 mm，背甲黑褐色，被白色绒毛；放射沟及背甲边缘黑褐色；胸甲褐色；螯肢、颚叶和下唇黑褐色；放射沟明显；腹部卵圆形，背面灰黄褐色，中间为大型黑色叶斑，两侧为斜纹；步足灰黑色，被白色细长毛。雄蛛体长 5～6 mm，体色较雌蛛深，其他特征与雌蛛近似。

【习　　性】主要栖息于居民区周边，适应性强，一年四季都能发现其成熟个体，常聚集在有灯的下面结圆网，白天躲于墙脚缝隙内。

【地理分布】江西（武夷山、赣州），湖南，湖北，贵州，广东，台湾，广西，福建，浙江，河南，江苏，云南，四川；朝鲜，日本。

图 81　叶斑八氏蛛（雌蛛）

图 82　叶斑八氏蛛（雄蛛）

五、地蛛科 Atypidae Thorell, 1870

地蛛体型中型至大型，体长10～30 mm，8眼聚集中间为眼丘，分3组排列于头区前端；中窝横向；螯肢发达，螯牙长；颚叶发达，向前伸出；步足短粗，后蹠节和蹠节背面多具短棘，步足末端具3爪；腹部背面被一明显角质背板。地蛛主要栖息于地下，为典型穴居型蜘蛛。英文名：Purseweb spiders。

本科全世界共记录3属56种，其中我国记录2属15种，武夷山国家公园江西片区记录2属2种。

44. 异囊地蛛 *Atypus heterothecus* Zhang, 1985

【鉴别特征】雌蛛体长18～22mm，头胸部深褐色，中窝明显；螯肢粗壮，长度约为头胸部长度的2/3；腹部黄褐色；步足短粗，后蹠节和蹠节具短棘。雄蛛体长12～15 mm，其特征近似雌蛛。

【习　　性】主要栖息于灌木林、竹林、松杉林等的树根与地表，挖洞并结长形圆筒状丝窝，地下所挖洞部分随个体多次蜕皮而直径随之变大，交配季节雄蛛从自己丝袋中寻找雌蛛并爬进丝袋内，与雌蛛进行交配。

【地理分布】江西（武夷山、齐云山），福建，河南，安徽，四川，湖北，湖南，广西。

图 83
图 84

图 83　异囊地蛛（雄蛛）
图 84　异囊地蛛（雌蛛）

45. 沟纹硬皮地蛛 *Calommata signata* Karsch, 1879

【鉴别特征】雌蛛体长 15～18 mm，背甲淡黄色，头区微隆起；中窝横向，明显；螯肢黄褐色，粗壮；螯牙长，黑色；腹部棕黄色，被细绒毛；第 I 步足弱化，第 III、第 IV 步足粗壮；各步足后跗节和跗节多具短棘。

【习　　性】主要栖息于松土斜坡或土层较多的垂直土坡中打圆洞，在洞壁上用蜘蛛丝纺成长圆筒状，白天躲于洞内，夜间在洞口捕食猎物。

【地理分布】江西（武夷山、崇义阳明山），山西，陕西，河北，河南，湖南；朝鲜，日本。

图 85　沟纹硬皮地蛛（雌蛛）

图 86　沟纹硬皮地蛛（雌蛛）

六、红螯蛛科 Cheiracanthiidae Wagner, 1887

红螯蛛体型小型至中型，体长3～14 mm；8眼2列（4-4排列），眼域较宽，多无中窝；螯肢颜色较深，胸板插入第Ⅳ对步足基节之间；步足末端具2爪，爪下方一般具毛簇。英文名：Yellow sac spiders。

本科全世界共记录14属362种，其中我国记录3属46种，武夷山国家公园江西片区记录1属2种。

46. 近红螯蛛 *Cheiracanthium approximatum* O. P.-Cambridge, 1885

【鉴别特征】雌蛛体长12～15 mm，背甲深黄色，被白色细绒毛，中窝纵向；螯肢红棕色；腹部卵圆形，蛋黄色；步足较长，黄棕色；步足各节具多短棘。雄蛛体长10～13 mm，步足较雌蛛长，多被细毛，其他特征与雌蛛近似。

【习　　性】主要栖息于灌木丛游猎捕食，蜕皮或繁殖产卵时，在叶片上面用丝裹成粽子状，躲于里面。

【地理分布】江西（武夷山、赣州峰山），河南，湖南，安徽，四川，台湾；巴基斯坦，印度，缅甸，老挝，菲律宾。

图 87 ｜ 图 87　近红螯蛛（雌蛛）
图 88 ｜ 图 88　近红螯蛛（雄蛛）

图89　浙江红螯蛛（雌蛛）

47. 浙江红螯蛛 *Cheiracanthium zhejiangense* Hu & Song, 1982

【鉴别特征】雌蛛体长10～14 mm，背甲黄棕色，眼域颜色加深，螯肢黑色；腹部卵圆形，棕褐色；腹部背面纵条纹肌斑明显；步足深褐色，被细毛。雄蛛体长10～12 mm，各步足较雌蛛长，其他特征近似雌蛛。

【习　　性】主要栖息于茅草叶片或草丛叶片间游猎捕食，以茅草或其他草的叶片用丝包裹成粽子形状，躲于里面蜕皮或产卵。

【地理分布】江西（武夷山），贵州，湖南，浙江；朝鲜。

图90　浙江红螯蛛（雄蛛）

七、管巢蛛科 Clubionidae Wagner, 1887

管巢蛛体型微小型至中型，体长 2～14 mm，8 眼 2 列（4–4 排列）；体色多以淡黄色、褐色或绿色为主；步足末端具 2 爪。管巢蛛不结网，游猎捕食，但雌蛛产卵时把叶子裹成粽子状，躲于内产卵，直到卵孵化为若蛛。成熟雌蛛具 2 个纳精囊，雄蛛触肢器结构较为简单。英文名：Sac spiders。

本科全世界共记录 18 属 666 种，其中我国记录 5 属 153 种，武夷山国家公园江西片区记录 1 属 2 种。

48. 斑管巢蛛 *Clubiona deletrix* O. P.-Cambridge, 1885

【鉴别特征】雌蛛体长 7～8 mm，背甲深褐色；头部被白色绒毛，后中眼昼眼；螯肢黑色；腹部背面黄褐色，被条纹状灰斑纹；纺器长；步足各节前端具浅黑色环纹，其他棕色。雄蛛体长 5～6 mm，其他特征近似雌蛛。

【习　　性】主要栖息于灌木叶片、树皮、草丛、竹林等处，游猎捕食，繁殖时雌蛛躲于树皮缝隙内，或把叶片用蛛丝裹成粽子状，躲在其中产卵。

【地理分布】江西（武夷山、赣州峰山），福建，浙江，安徽，湖南，湖北，广东，四川，贵州，海南，台湾，上海，江苏，陕西，新疆，山东；巴基斯坦，印度，日本。

图 91

图 92

图 91　斑管巢蛛（雌蛛）
图 92　斑管巢蛛（雄蛛）

图 93　棕管巢蛛（雌蛛）

49. 棕管巢蛛 *Clubiona japonicola* Bösenberg & Strand, 1906

【鉴别特征】 雌蛛体长 8～10 mm，背甲灰褐色；头区浅黑色，微隆；螯肢黑色；腹部卵圆形，被细毛；腹部背面主要是浅棕色，中间灰黑色；步足黄棕色。雄蛛体长 6～8 mm，其他特征近似雌蛛。

【习　　性】 主要栖息于灌木或草丛的叶片间或景区人行道的护栏上，游猎捕食。

【地理分布】 江西（武夷山），福建，湖南，湖北，贵州，北京，吉林，辽宁，上海，安徽，台湾，浙江，四川，陕西，河南，山西，河北，云南；菲律宾，印度尼西亚，日本，韩国，俄罗斯。

八、圆颚蛛科 Corinnidae Karsch, 1880

圆颚蛛体型小型至中型，体长3～12mm；腹部腹面无筛器，体色多为黑色，外形似蚂蚁，头胸和腹部多数几丁质化严重，即骨化程度较高。8眼2列（4–4排列），眼小细圆形；步足末端具2爪，具毛簇。因外形似蚂蚁，游猎捕食，多数种类以蚂蚁为食。英文名：Dark sac spiders 或 Ant-like sac spiders。

本科全世界共记录76属849种，其中我国记录6属20种，武夷山国家公园江西片区记录2属2种。

50. 硬颖颚蛛 *Corinnomma severum* (Thorell, 1877)

【鉴别特征】雌蛛体长7～8 mm，背甲灰黑色，被细白色绒毛；眼域靠头部前端，眼小；腹部卵圆形，背面3条灰白色宽条纹，中间1条黑色宽条纹；步足灰黑色，各节两侧具灰白色纹。

【习　　性】主要栖息于落叶层或低矮灌木树枝间游猎捕食，活动性强，外形及爬行与蚂蚁较像。

【地理分布】江西（武夷山、赣州峰山），湖北，湖南；印度，菲律宾，苏拉威西岛。

图 94　硬颖颚蛛（雌蛛）

51. 武夷山刺突蛛 *Spinirta wuyishanensis* Zhou, 2022

【鉴别特征】雄蛛体长 15～18 mm，背甲黑褐色，被白色细绒毛，边缘部分为黑色，腹部背面被较宽长条白斑，白斑后半部两侧具 3 对齿状纹，各步足腿节黑色，其他各节为黑褐色。

【习　　性】主要栖息于落叶层和树皮间活动，游猎捕食。

【地理分布】江西（武夷山）。

图 95　武夷山刺突蛛（雄蛛）

图 96　武夷山刺突蛛（雄蛛）

九、栉足蛛科 Ctenidae Keyserling, 1877

栉足蛛体型中型至特大型，体长 5～30 mm；腹部腹面无筛器，体色多为棕褐色，8 眼 3 列（2-4-2 或 4-2-2 排列）或 4 列，前侧眼最小。步足转接缺刻，步足末端为 2 爪。外形和狼蛛科较类似，主要分布于热带地区，因步足具有栉状排列的刺，故称栉足蛛。英文名：Tropical wolf spiders。

本科全世界共记录 48 属 598 种，其中我国记录 5 属 21 种，武夷山国家公园江西片区记录 2 属 3 种。

52. 福纳阿希塔蛛 *Anahita fauna* Karsch, 1879

【鉴别特征】雌蛛体长 12～14 mm，背甲深褐色，中间 1 条棕色纵条纹，两侧边缘为深棕色浅条纹；腹部背面褐色，中间为齿状纹棕色条纹；步足深褐色。雄蛛体长 10～12 mm，各步足较雌蛛长，其他特征与雌蛛近似。

【习　　性】栖息于落叶层、石块下、烂木桩内，游猎捕食其他节肢动物，卵一般产在石块或枯树皮下方，包子状，光滑。

【地理分布】江西（武夷山、于都），湖南，广东，浙江，香港，台湾，安徽，河北，山东，吉林；朝鲜，日本，俄罗斯。

图 97
图 98

图 97　福纳阿希塔蛛（雌蛛）
图 98　福纳阿希塔蛛（雄蛛）

53. 武夷阿希塔蛛 *Anahita wuyiensis* Li, Jin & Zhang, 2014

【鉴别特征】雌蛛体长 10～12 mm，头胸部和腹部背面中间有 1 条较宽的白色纵条纹，两侧灰黑色；步足灰黑色。雄蛛体长 8～10 mm，其他特征与雌蛛相似。

【习　　性】栖息于落叶层、石块下、烂木桩内，游猎捕食其他节肢动物。

【地理分布】江西（武夷山），福建。

图 99　武夷阿希塔蛛（雌蛛）

54. 石垣鲍伊蛛 *Bowie yaeyamensis* (Yoshida, 1998)

【鉴别特征】雌蛛体长 12～15 mm，背甲中间浅棕色，中窝纵向颜色加深，其两侧褐色；头部向中间微隆起；腹部背面黄褐色，背甲具 3 对黑斑；步足粗壮，各节散布黑斑，主要为棕褐色。雄蛛体长 10～12 mm，其他特征与雌蛛近似。

【习　　性】栖息于落叶层、石块下、烂木桩内，游猎捕食其他节肢动物。

【地理分布】江西（武夷山），云南，台湾；日本。

图 100　石垣鲍伊蛛（雌蛛）

十、卷叶蛛科 Dictynidae O. P.–Cambridge, 1871

卷叶蛛体型小型至中型，体长1～6 mm，多数种类具筛器，筛器多具分隔；多数种类8眼2列（4-4排列），少数种类6眼而前中眼退化或无眼；步足末端具3爪。主要栖息于叶片、树皮、石块下和洞穴岩壁间，结渔网状乱网。英文名：Meshweb spiders。

本科全世界共记录53属474种，其中我国记录12属62种，武夷山国家公园江西片区记录3属3种。

55. 巾阿卷叶蛛 *Ajmonia capucina* (Schenkel, 1936)

【鉴别特征】雌蛛体长 3～4 mm，头区向前微隆起，被白色微绒毛，其两侧到胸部为黑色，胸部边缘为白色；腹部背面灰茶绿色，其间散布波纹状或"人"字形浅黄色斑纹；步足细长，淡绿色。雄蛛体长 2～3 mm，头胸背面黄褐色，被白色细绒毛；腹部背面深绿色，具浅黄色条状或点状斑纹；步足深褐色。

【习　　性】主要栖息于低矮灌木或竹林叶片上面，结不规则网丝，白天躲于网巢里面，夜间在网巢外面等待捕食猎物。每年4—5月为交配季节，5—7月为雌蛛繁殖季节。

【地理分布】江西（武夷山），浙江，北京，甘肃。

图 101

图 102

图 101　巾阿卷叶蛛（雌蛛）
图 102　巾阿卷叶蛛（雄蛛）

56. 黑斑卷叶蛛 *Dictyna foliicola* Bösenberg & Strand, 1906

【鉴别特征】雌蛛体长 3～4 mm，背甲红褐色；腹部椭圆形；腹部背面中间及前端为黑色斑块，其周边散布白色细绒毛；各步足腿节、膝节和胫节为深褐色，后跗节和跗节为淡黄色。雄蛛体长 2～3 mm，其他特征与雌蛛近似。

【习　　性】主要栖息于低矮灌木叶片正面，在叶片中间结不规则网，使叶片中间形成一个凹槽，便于白天躲于凹槽内，夜间在网的周围捕食猎物。

【地理分布】江西（武夷山、于都、赣州峰山），四川，甘肃，河北，新疆，青海，浙江，湖南，湖北，辽宁，吉林，河南，山东，陕西，山西，宁夏，台湾；朝鲜，日本，俄罗斯。

图 103　黑斑卷叶蛛（雌蛛）

图 104　黑斑卷叶蛛（雄蛛）

图 105　叶家厂隐蔽蛛（雌蛛）

57. 叶家厂隐蔽蛛 *Lathys yejiachangensis* sp. nov.

【鉴别特征】雌蛛体长 2～3 mm，背甲黑褐色；腹部背面灰褐色，具多个灰色"人"字纹；
　　　　　　步足具深褐色和黄褐色环纹。雄蛛体长 2～3 mm，其他特征与雌蛛近似。

【习　　性】主要栖息于树皮缝隙间，结不规则网，和缝隙形成一个上下相通的槽，白
　　　　　　天躲于缝隙槽内。

【地理分布】江西（武夷山）。

十一、平腹蛛科 Gnaphosidae Pocock, 1898

平腹蛛体型小型至中型，体长3～17 mm；8眼2列（4-4排列），多数种类前中眼为倒"八"字形的昼眼；腹部扁平或呈圆柱形，纺器3对，均为1节，在腹部末端平行排列；步足转接腹面后缘有或无缺刻；步足末端2爪，具齿，跗节少数具毛簇。平腹蛛主要栖息于树皮、石块、枯树等较为干燥的环境中，游猎捕食。英文名：Flat-bellied ground spiders。

本科全世界共记录148属2446种，其中我国记录35属211种，武夷山国家公园江西片区记录3属3种。

58. 深褐平腹蛛 *Gnaphosa kompirensis* Bösenberg & Strand, 1906

【鉴别特征】雌蛛体长6～8 mm，背甲深褐色，边缘黑色；中窝及放射沟明显；头部微隆起；8眼2列，眼比较小；螯肢黄褐色；颚叶黄色，具毛丛，边缘色深；腹部背面灰褐色，散布黑褐色斑点；步足腿节黑褐色，其他各节棕褐色。雄蛛体长6～7 mm，其他特征与雌蛛近似。

【习　　性】主要栖息于大树的树皮缝隙内，游猎捕食。

【地理分布】江西（武夷山、赣州峰山），福建，广东，河北，河南，辽宁，安徽，湖北，湖南，四川，香港，台湾；越南，朝鲜，日本，俄罗斯。

图 106　深褐平腹蛛（雌蛛）

图 107　深褐平腹蛛（雄蛛）

图 108　单带希托蛛（雌蛛）

59. 单带希托蛛 *Hitobia unifascigera* (Bösenberg & Strand, 1906)

【鉴别特征】雌蛛体长 6～8 mm，背甲灰黑色，被白色细绒毛；中窝不明显；眼域狭窄，靠近头域前端，眼较小；腹部背面灰黑色，后半部分中间具两条白色横纹；后纺器平行；各步足腿节黑色，其他各节背面被灰白色细毛，具多根长刺。

【习　　性】主要栖息于常绿灌木的树皮或树枝之间，游猎捕食。

【地理分布】江西（武夷山），浙江，河南，湖南；朝鲜；日本。

60. 皮氏拟掠蛛 *Pseudodrassus pichoni* Schenkel, 1963

【鉴别特征】雌蛛体长 6～7 mm，背甲棕褐色；中窝纵向，劲沟、放射沟明显；螯肢褐色，发达；腹部卵圆形，黄棕色，被细毛；第 I 步足黑棕色，其他步足棕褐色。雄蛛体长 5～6 mm，其他特征与雌蛛近似。

【习　　性】主要栖息于树皮间的缝隙内，在树皮之间游猎捕食。

【地理分布】江西（武夷山、赣州峰山），湖南，贵州，浙江，安徽。

图 109　皮氏拟掠蛛（雌蛛）

图 110　皮氏拟掠蛛（雄蛛）

十二、栅蛛科 Hahniidae Bertkau, 1878

栅蛛体型小型至中型，体长 1～6 mm；8 眼 2 列（4–4 排列），有些种类 6 眼前中眼退化；头区高，较窄；中窝横向较短；螯肢具侧结节，齿堤具齿，雄蛛螯肢外侧具发声嵴；腹部卵圆形，背面多具"人"字纹，腹面无舌状体，气孔横向；无筛器，腹部腹面纺器多数排成 1 列。主要栖息于地表或落叶层或树皮中，游猎捕食或结细网捕食。英文名：Comb-tailed spiders。

本科全世界共记录 24 属 357 种，其中我国记录 5 属 48 种，武夷山国家公园江西片区记录 1 属 2 种。

61. 索氏栅蛛 *Hahnia thorntoni* Brignoli, 1982

【鉴别特征】雄蛛体长 3～4 mm，背甲黄褐色，后中眼大且为昼眼；腹部背面灰褐色，被多个"人"字纹；步足黄褐色，各节具深褐色环纹。

【习　　性】主要栖息于落叶层石块下、烂木头内，结不规则网，以捕猎小昆虫为食。

【地理分布】江西（武夷山、赣州通天岩），云南，重庆，四川，湖南，香港；老挝，日本。

图 111 ────── 图 111　索氏栅蛛（雌蛛）
图 112 ────── 图 112　索氏栅蛛（雄蛛）

图 113　浙江栅蛛（雌蛛）

62. 浙江栅蛛 *Hahnia zhejiangensis* Song & Zheng, 1982

【鉴别特征】雌蛛体长 3～5 mm，背甲黄褐色，两边缘淡黄色；腹部背面黑褐色，被多个"人"字形淡黄色纹；步足黄褐色，具淡黑色环纹。雄蛛体长 3～4 mm，其他特征与雌蛛近似。

【习　　性】主要栖息于落叶层、石块下，结不规则网。

【地理分布】江西（武夷山、于都），重庆，四川，湖南，湖北，安徽，浙江，香港，台湾；老挝，日本。

图 114　浙江栅蛛（雄蛛）

十三、长纺蛛科 Hersiliidae Thorell, 1870

长纺蛛体型中型，体长 5～10 mm；8 眼 2 列（4-4 排列）；身体扁平，体色与树皮或岩壁苔藓类似，具隐蔽功能；步足末端具 3 爪；腹部腹面无筛器，后纺器发达，向末端变细，长于前纺器的 3～4 倍。游猎捕食，捕食到的猎物先用纺器丝线缠绕包裹。英文名：Long-spinnered spiders、Two-tailed spiders 或 Whirligig spiders。

本科全世界共记录 16 属 188 种，其中我国记录 3 属 16 种，武夷山国家公园江西片区记录 1 属 1 种。

63. 亚洲长纺蛛 *Hersilia asiatica* Song & Zheng, 1982

【鉴别特征】雌蛛体长 6～8 mm，头胸部宽度大于长度，被白色细毛；中窝纵向，具放射线；腹部肥大，背面多为淡绿色，后半部分颜色较深；纺器长，末端尖，长度与腹部长度近似；各步足细长，淡绿色和灰褐色相间。雄蛛体长 4～5 mm，头胸部背面被白色细毛；腹部背面深褐色，光滑，前半部边缘具黑色纹；两对肌斑明显。

【习　　性】主要栖息于树皮、墙壁、岩壁等有苔藓或与外形近似处，具拟态行为，可以躲避危险和有利捕食。

【地理分布】江西（武夷山、赣州峰山、赣州通天岩），广东，湖南，浙江，台湾；泰国，老挝。

图 115　亚洲长纺蛛（雌蛛）
图 116　亚洲长纺蛛（雄蛛）

十四、皿蛛科 Linyphiidae Blackwall, 1859

皿蛛体型小型或微型，少数属类为中型，体长小于 6 mm；8 眼 2 列（4-4 排列），头部区域变化多样；螯肢粗壮，齿堤多有强壮齿，无侧结节，多数种类侧面具发声嵴；步足细长具刚毛，特别在后跗节和跗节；步足末端具 3 爪。生态系统中各生态位都有分布，结网格形细网，适应性较强，主要捕食微型或小型节肢动物。英文名：Hammock-web spiders 或 Dwarf spiders。

本科为蜘蛛目第二大科，全世界共记录 636 属 4837 种，其中我国记录 162 属 403 种，武夷山国家公园江西片区记录 7 属 10 种。

64. 隆背微蛛 *Erigone prominens* Bösenberg & Strand, 1906

【鉴别特征】雌蛛体长 2～3 mm，头、胸、腹部颜色较深，分别为黄褐色、褐色、深褐色；头部微隆起，高于胸部；腹部椭圆形；一般步足颜色与体色相似。雄蛛体长 1.5～2.5 mm，步足较雌蛛长，其他特征近似雌蛛。

【习　　性】主要栖息于落叶层、石块下和石缝间等处，结小皿网，一般躲于网下方，遇到危险时就假死。

【地理分布】江西（武夷山、赣州），台湾，广东，福建，浙江，江苏，安徽，湖南，湖北，四川，陕西，河南，河北，山东，重庆；亚洲，非洲，新西兰，澳大利亚。

图 117
图 118

图 117　隆背微蛛（雌蛛）
图 118　隆背微蛛（雄蛛）

图 119　草间钻头蛛（雌蛛）

65. 草间钻头蛛 *Hylyphantes graminicola* (Sundevall, 1830)

【鉴别特征】雌蛛体长 3～5 mm，背甲深棕色，头区向上微突；腹部黑色，卵圆形；步足细长，深棕色。雄蛛体长 2～3 mm，其他特征与雌蛛近似。

【习　　性】主要栖息于低矮灌木、草丛间等叶片上，结不规则皿蛛。

【地理分布】江西（武夷山、赣州峰山、赣州通天岩），广东，台湾，福建，浙江，江苏，安徽，湖南，湖北，河北，辽宁，吉林，青海，新疆，宁夏，陕西，山西，山东，河南，云南，四川，贵州，广西，上海；欧洲及俄罗斯，尼泊尔，朝鲜，日本，缅甸，泰国，越南，老挝。

图 120　草间钻头蛛（雄蛛）

66. 东喜峰蛛 *Himalaphantes azumiensis* (Oi, 1979)

【鉴别特征】雌蛛体长 3～4 mm，背甲棕褐色；腹部卵圆形，背面多深褐色斑块；步足各节具深褐色斑和浅褐色环纹。雄蛛体长 3～4 mm，其他特征与雌蛛近似。

【习　　性】主要栖息于岩壁、斜坡或石缝间，结大型皿网，悬于网下等待猎物；白天躲于隐蔽处，夜间在网中捕食。每年的 8～9 月为交配季节，10～12 为雌蛛繁殖季节。

【地理分布】江西（武夷山），云南，重庆，四川，青海，甘肃，贵州；日本，俄罗斯。

图 121　东喜峰蛛（雌蛛）

图 122　东喜峰蛛（雄蛛）

67. 卡氏盖蛛 *Neriene cavaleriei* (Schenkel, 1963)

【鉴别特征】雌蛛体长 3～5.5 mm，背甲褐色，边缘颜色加深；头部隆起；中窝纵向；胸甲褐色；螯肢褐色；颚叶、下唇深褐色；各步足黄褐色；腹部前中宽，后端变窄；腹部背面前方有 1 对白色肩斑。雄蛛体长 3～4.5 mm，背甲黑褐色，头部向上隆起，额高；腹部背面黑褐色，后半部两侧有白色斑块，腹部尾端黑色；步足黑褐色，细长。

【习　　性】主要栖息于灌木林低矮处，结不规则皿网，平常躲于网的外面，具有一定的隐蔽性。

【地理分布】江西（武夷山、赣州峰山），湖南，湖北，广西，福建，浙江，四川，贵州，甘肃；越南。

图 123　卡氏盖蛛（雌蛛）

图 124 卡氏盖蛛 (雌雄交配)

图 125 卡氏盖蛛 (雄蛛)

68. 日本盖蛛 *Neriene japonica* (Oi, 1960)

【鉴别特征】雌蛛体长 4～5 mm，背甲浅褐色；头部微隆起；中窝深褐色，后方凹陷；胸甲黑褐色；螯肢淡褐色；颚叶、下唇及各步足淡褐色；腹部卵圆形；腹部两侧被白色鳞斑。雄蛛体长 2～3 mm，背甲深褐色，螯肢基部短粗；腹部背面颜色较深，其他与雌蛛近似。

【习　　性】主要栖息于矮灌木丛树枝之间，结两层皿网，一般躲于中间层中间位置，等待撞到网上的猎物。

【地理分布】江西（武夷山、齐云山），浙江，江苏，安徽，湖南，湖北，四川，河南，河北，山西，辽宁，吉林，黑龙江，陕西；朝鲜，日本，俄罗斯。

图 126　日本盖蛛（雌蛛）

69. 华丽盖蛛 *Neriene nitens* Zhu & Chen, 1991

【鉴别特征】雌蛛体长 4～6 mm，背甲黄棕色；中窝明显；腹部长椭圆形，腹面两侧白条纹，中间为灰色，延伸到腹部后尾端；步足淡黄色，细长。雄蛛体长 4～5 mm，其他特征与雌蛛近似。

【习　　性】主要栖息于灌木丛树枝间，结大型不规则皿网，每年的 5—7 月为交配季节，7—8 月为雌蛛繁殖季节。

【地理分布】江西（武夷山），福建，湖南，湖北，安徽，四川，浙江，云南。

图 128　华丽盖蛛（雌蛛）

图 129　华丽盖蛛（雄蛛）

图 130　花腹盖蛛（雌蛛）

70. 花腹盖蛛 *Neriene radiata* (Walckenaer, 1841)

【**鉴别特征**】雌蛛体长 3～4.5 mm，背甲黄褐色；腹部背面由白色条纹和黑色斑组成，腹部腹面纺器前端有 2 个橘黄色斑；步足细长。雄蛛体长 3～4 mm，其他特征与雌蛛近似。

【**习　　性**】主要栖息于灌木丛树枝之间，结大型不规则皿网，平常躲于网的下方，等待捕食猎物。

【**地理分布**】江西（武夷山、赣州峰山），台湾，浙江，江苏，安徽，湖南，湖北，云南，四川，贵州，河南，河北，陕西，山西，甘肃，宁夏，辽宁，吉林；北美，欧洲，土耳其，俄罗斯，哈萨克斯坦，朝鲜，日本。

71. 二叶玲蛛 *Parameioneta bilobata* Li & Zhu, 1993

【鉴别特征】雌蛛体长 2~2.5 mm，背甲黄褐色；中窝纵向，不明显；腹部背面黄褐色，中间为 1 条黑色横纹，延伸到腹面纺器；步足黄褐色。雄蛛体长 1.5~2 mm，其他特征与雌蛛近似。

【习　　性】主要在离落叶层地面 20cm 左右结不规则皿网。

【地理分布】江西（武夷山、赣州峰山），福建，湖南，湖北，贵州；越南。

图 131　二叶玲蛛（雌蛛）

图 132　二叶玲蛛（雄蛛）

72. 中华面蛛 *Prosoponoides sinensis* (Chen, 1991)

【鉴别特征】雌蛛体长 2.5~4 mm，背甲黄褐色；中窝黑色；胸甲深褐色；腹部背面具
多条白色条纹，中间及两侧有灰黑色条纹；步足黄褐色，细长。雄蛛体长
2.5~3 mm，背甲黄褐色，较深；头部隆高，明显；腹面背面黑色，中间及
两侧为白色条纹或白色斑；步足转节褐色，其他各节黄褐色，细长。

【习　　性】主要栖息于灌木丛底部，结不规则大型皿网，常待于网的下方。

【地理分布】江西（武夷山、赣州峰山），福建，浙江，湖南，贵州；越南。

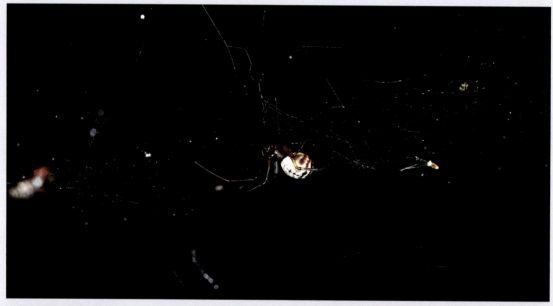

图 133　中华面蛛（雌蛛）

图 134　中华面蛛（雄蛛）

图 135 桐庐五里蛛（雌蛛）

73. 桐庐五里蛛 *Wuliphantes tongluensis* (Chen & Song, 1988)

【鉴别特征】雌蛛体长 2～3 mm，头胸部深棕褐色，螯肢侧面具声嵴；腹部深黑色；步
足细长，棕褐色。雄蛛体长 2～3 mm，其他特征与雌蛛近似。

【习　　性】主要栖息于落叶层，在枯叶或叶片间结小型不规则皿网。

【地理分布】江西（武夷山、赣州峰山），湖南，湖北，贵州，重庆，浙江，安徽。

十五、狼蛛科 Lycosidae Sundevall, 1833

狼蛛体型小型至中型，少数属为大型，体长 1～30 mm；8 眼 3 列（4-2-2 排列），前列眼几乎等大，后中眼最大；多数种类腹部具花纹；步足末端具 3 爪。多数种类游猎捕食，少数种类穴居或结网捕食。雌蛛具用纺器携带卵囊，若蛛 3 龄爬在母蛛腹部背面，待若蛛能活动时离开母蛛。狼蛛活动能力较强，行动敏捷，繁殖季节数量很多，性情凶猛，善于捕食。英文名：Wolf spiders。

本科全世界共记录 132 属 2462 种，其中我国记录 28 属 312 种，武夷山国家公园江西片区记录 7 属 12 种。

图 137
图 136 片熊蛛（雌蛛）
图 137 片熊蛛（雄蛛）
图 136

74. 片熊蛛 *Arctosa laminata* Yu & Song, 1988

【鉴别特征】雌蛛体长 4～6 mm，背甲绿棕色，中窝有 1 个近似心形白斑；腹部背面绿棕色，不规则散布小白色斑；步足腿节较粗，其他各节有灰黑色环纹。雄蛛体长 4～5 mm，其他特征与雌蛛近似。

【习　　性】主要栖息于农田、沼泽、苔藓地等潮湿处，蜕皮和繁殖时会躲于挖掘的小巢内，用躲避物隐藏自己。每年的 5—6 月和 10—11 月为繁殖交配季节。

【地理分布】江西（武夷山），福建，广西，安徽，贵州；日本。

图 138 猴马蛛（雌蛛）

图 139 猴马蛛（雄蛛）

75. 猴马蛛 *Hippasa holmerae* Thorell, 1895

【鉴别特征】雌蛛体长 6～8 mm，背甲灰褐色；中窝明显；放射线为白色条纹，明显；腹部背面灰褐色，前半部中央具深褐色条纹，后半部有 4 个"人"字形白纹；各步足具多根长刺。雄蛛体长 5～6 mm，其他特征与雌蛛近似。

【习　　性】狼蛛科已知的结网型狼蛛，网与漏斗蛛科结的网类似，内部都具漏斗形，主要栖息于草丛、灌木林地表层，结不规则漏斗状网。

【地理分布】江西（武夷山、赣州峰山），福建，广东，台湾，广西，云南，湖南，海南；印度，菲律宾，孟加拉国，缅甸，老挝，新加坡。

76. 黑腹狼蛛 *Lycosa coelestis* L. Koch, 1878

【鉴别特征】雌蛛体长 18～22 mm，背甲中间淡棕色，两侧灰棕色；眼域宽，后侧眼边缘颜色深；腹面背面中间淡棕色，两侧淡灰棕色，散布黑斑点；步足淡棕色，膝节、后跗节和跗节两侧多细毛。雄蛛体长 15～18 mm，其他特征与雌蛛近似。

【习　　性】地表游猎型蜘蛛，蜕皮或雌蛛产卵时躲于小洞内进行。

【地理分布】江西（武夷山、赣州峰山、于都、信丰）台湾，福建，云南，河南，浙江，湖南，湖北，四川；朝鲜，日本。

图 140　黑腹狼蛛（雄蛛）

图 141　黑腹狼蛛（雄蛛）

图 142　沟渠豹蛛（雌蛛）

77. 沟渠豹蛛 *Pardosa laura* Karsch, 1879

【鉴别特征】雌蛛体长 4～6 mm，背甲中间淡棕色
条纹，两侧灰黑色；腹部背面棕色，
中间有 4 条淡棕色"人"字形纹；步
足各节具多根长棘，黑色和棕色环纹
相间。雄蛛体长 3～5 mm，背甲中间
淡棕色条纹，两侧黑色；腹部背面淡
棕色条纹，两侧灰黑色；触肢膝节和
胫节多白色细毛，跗节具黑色细毛。

【习　　性】主要栖息于农田田埂、半山坡落叶层
等，游猎捕食。

【地理分布】江西（武夷山、赣州峰山、赣州通天岩、
于都），福建，台湾，云南，浙江，江
苏，安徽，湖南，湖北，河南，四川，
贵州，陕西，青海，宁夏，辽宁，吉
林；朝鲜，日本，俄罗斯。

图 143　沟渠豹蛛（雄蛛）

图 144　雾豹蛛（雌蛛）

图 145　雾豹蛛（雄蛛）

78. 雾豹蛛 *Pardosa nebulosa* (Thorell, 1872)

【鉴别特征】雌蛛体长 7～12 mm，背甲灰褐色；中窝纵向，明显；腹部背面灰褐色，散布黑色斑点；步足相间灰褐色和黑褐色环形纹。雄蛛体长 6～8 mm，体色较雌蛛深，其他特征与雌蛛近似。

【习　　性】主要栖息于小溪岸边马路上或矮树叶片上或草的叶片上，游猎捕食，不结网。

【地理分布】江西（武夷山、于都、瑞金），新疆，海南，广东，浙江；意大利，中欧至希腊，中亚，土耳其，俄罗斯，哈萨克斯坦，伊朗。

79. 细豹蛛 *Pardosa pusiola* (Thorell, 1891)

【鉴别特征】雌蛛体长5～6 mm，背甲中间淡棕色条纹，两边黑色条纹，两边缘淡棕色；腹面背面黄褐色，两边缘散布黑色斑点，前半中间为淡棕色剑形条纹；步足淡棕色。雄蛛体长4～5 mm，其他特征与雌蛛类似。

【习　性】主要栖息于有水的农田、湿地、池塘边缘或水沟边杂草较多的地方，游猎捕食。

【地理分布】江西（武夷山、赣州），云南，海南，湖北，广东，广西，湖南；印度，斯里兰卡，尼泊尔，不丹，孟加拉国，老挝，马来西亚，爪哇。

图146　细豹蛛（雌蛛）

图147　细豹蛛（雄蛛）

80. 拟环纹豹蛛 *Pardosa pseudoannulata* (Bösenberg & Strand, 1906)

【鉴别特征】雌蛛体长 5～8 mm，背甲中间棕绿色，其两侧为黄褐色条纹，两边缘中间为浅白色条纹；中窝纵向；步足各节具多根长棘，棕绿色。雄蛛体长 4～7 mm，较雌蛛颜色较深，其他特征与雌蛛近似。

【习　　性】主要栖息于潮湿沼泽、草地或农田等有水的生境中，游猎捕食，会与同类互相捕食。

【地理分布】江西（武夷山、赣州），福建，广东，广西，海南，台湾，云南，浙江，江苏，安徽，湖南，湖北，四川，贵州，西藏，河南，山东，新疆，甘肃；巴基斯坦，印度，尼泊尔，不丹，朝鲜，日本，菲律宾，爪哇。

图 148　拟环纹豹蛛（雌蛛）

图 149　拟环纹豹蛛（雄蛛）

81. 琼华豹蛛 *Pardosa qionghuai* Yin et al., 1995

【鉴别特征】雌蛛体长 4～6 mm，背甲中间黄棕色，两侧黑褐色；腹部背面黑褐色，散布黑色小斑点；步足腿节和膝节黑褐色，其他各节棕褐色。雄蛛体长 3～5 mm，其他特征与雌蛛类似。

【习　　性】主要栖息于草丛、石块下面，游猎捕食。

【地理分布】江西（武夷山），福建，湖北，云南，四川，陕西，宁夏。

图 150　琼华豹蛛（雌蛛 – 卵袋）

图 151　武夷豹蛛（雌蛛 – 卵袋）

82. 武夷豹蛛 *Pardosa wuyiensis* Yu & Song, 1988

【鉴别特征】雌蛛体长 4～6 mm，背甲中间棕褐色纵条纹，两侧黑色；腹部背面棕褐色为主，散布黑色小斑块及白色小斑点；步足黑褐色为主，各节具多根长棘。雄蛛体长 3～5 mm，背甲以黑色为主，中间一小块为棕色；腹部前端为白色细毛，主要为黑色，散布小白点；第Ⅰ、第Ⅱ步足腿节黑色，其他各节棕褐色；第Ⅲ、第Ⅳ步足各节褐色。

【习　　性】主要栖息于高山草甸潮湿地带，活动能力强，游猎捕食。

【地理分布】江西（武夷山、齐云山），福建，湖南，内蒙古。

图 152　武夷豹蛛（雄蛛）

83. 前凹小水狼蛛 *Piratula procurva* (Bösenberg & Strand, 1906)

【鉴别特征】雌蛛体长 3～5 mm，背甲中间为棕褐色，两侧灰白色；腹部背面黑褐色，两侧中间有 6 对白点；步足细长，棕褐色。雄蛛体长 3～4 mm，第 I 步足后跗节和跗节被白色细毛，其他特征与雌蛛类似。

【习　　性】主要栖息于潮湿有水的环境中或丘陵湿地中，游猎捕食。

【地理分布】江西（武夷山），广东，广西，福建，浙江，安徽，湖南，湖北，贵州，陕西，北京，山东；朝鲜，日本。

图 153　前凹小水狼蛛（雌蛛）

图 154　前凹小水狼蛛（雄蛛）

图 155　水獾蛛（雌蛛－卵袋）

图 156　水獾蛛（雄蛛）

84. 水獾蛛 *Trochosa aquatica* Tanaka, 1985

【鉴别特征】雌蛛体长 8～14 mm，背甲中间棕褐色条纹，其两侧为深褐色条纹，延伸到胸板后端，边缘为浅褐色；腹部背面褐色，两侧中间为黑色斑块，其黑色斑块中间有白色小斑点；步足为棕褐色。雄蛛体长 7～10 mm，步足较雌蛛长，其他特征与雌蛛近似。

【习　　性】主要栖息于沼泽、湿地等水环境较多的地方，白天躲于草丛或枯枝落叶中，傍晚出来捕食，游猎捕食。

【地理分布】江西（武夷山、赣州峰山），湖南，广东，浙江；日本。

85. 脉娲蛛 *Wadicosa fidelis* (O. P.-Cambridge, 1872)

【鉴别特征】雌蛛体长 4～6 mm，背甲灰色，被白色细毛；眼域约占头胸部的 1/3；腹部背面灰色，具多条黄褐色斑纹；步足黄棕色，具多棘。雄蛛体长 3～5 mm，背甲中间灰色，两边黑色；触肢膝节和胫节被白色毛，跗节被黑色毛；其他特征与雌蛛类似。

【习　　性】主要栖息于草地或地面干旱的农田，游猎捕食，每年 5—7 月为繁殖季节。

【地理分布】江西（武夷山、信丰、赣州峰山），海南，广东，广西，福建，云南，浙江，湖南，湖北，四川，西藏；古北区，加纳利群岛。

图 157　脉娲蛛（雌蛛）

图 158　脉娲蛛（雌蛛）

十六、大疣蛛科 Macrothelidae Simon, 1892

大疣蛛大型地表结网，体长 12～30mm；8 眼，聚集于眼域中间位置，具眼丘；多数种类体呈黑色或黑褐色；螯肢较大；步足细毛多而长；多数种类腹部背面具"人"字形斑纹。大疣蛛主要栖息于落叶层、树洞、石缝、石块下结漏斗形无规则网，夜间活动能力很强，也适应低温环境；雄性蜘蛛交配完就会死亡，而雌性蜘蛛个别个体能活数年之久，同种成熟个体有时相差较大。英文名：Mygalomorph spider。

本科全世界记录 2 属 45 种，多种种类分布于我国，已记录 2 属 27 种，武夷山国家公园江西片区记录 1 属 1 种。

86. 触形粗壮蛛 *Vacrothele palpator* (Pocock, 1901)

【鉴别特征】雌蛛体长 15～20 mm，背甲深黑色；中窝横向，明显；螯肢粗壮，黑色；8 眼聚于眼域中间，四周有眼丘，后中眼为昼眼；额高明显；腹部卵圆形，深褐色；后纺器长于前纺器 3 倍以上；步足深黑色。雄蛛体长 14～18 mm，步足跗节深褐色，其他特征与雌蛛相似。

【习　　性】主要栖息于斜土坡、落叶层和烂树洞内，于地表结不规则网，网的范围最大可达 40cm，主要捕食掉入网内或在网边路过的动物。

【地理分布】江西（武夷山、赣州峰山），浙江，湖北，湖南，贵州，香港。

图 159　触形粗壮蛛（雌蛛）

图 160　触形粗壮蛛（雄蛛）

十七、拟态蛛科 Mimetidae Simon, 1881

拟态蛛体型小型至中型，体长 3～7 mm；8 眼 2 列（4-4 排列），前中眼较大，具眼柄，前中眼稍突出；步足末端具 3 爪，第Ⅰ、第Ⅱ步足较长，后蹠节和跗节相对较弯曲，后蹠节外侧具齿状长刺和短刺间隔排列。拟态蛛主要捕食园蛛和球蛛，当捕食时先用第Ⅰ步足进行试探，缓慢前进减小网的振动，当到达网的适当位置后，利用步足振动蛛网，引起园蛛或球蛛的注意，等园蛛或球蛛靠近时，将其抱住并注射毒液。对于球蛛，拟态蛛也会对其卵袋吃掉。拟态蛛卵袋一般为黄色，蜂窝状丝包裹。英文名：Pirate spiders。

本科全世界共记录 8 属 159 种，其中我国记录 3 属 21 种，武夷山国家公园江西片区记录 2 属 2 种。

87. 日本突腹蛛 *Ero japonica* Bösenberg & Strand, 1906

【鉴别特征】雌蛛体长 6～7 mm，背甲淡黄色，中间具纵条形黄褐色条纹；眼域的前端较高；腹部背面中间两侧具黑色斑，散布红黄色圆斑；腹部中间两侧略突出；步足腿节前端和胫节黑色；步足膝节、后蹠节和跗节被多根长刺，明显。

【习　　性】常躲于叶片背面或树枝上，具一定的伪装色保护，多夜间活动。

【地理分布】江西（武夷山），湖南；朝鲜，日本，俄罗斯。

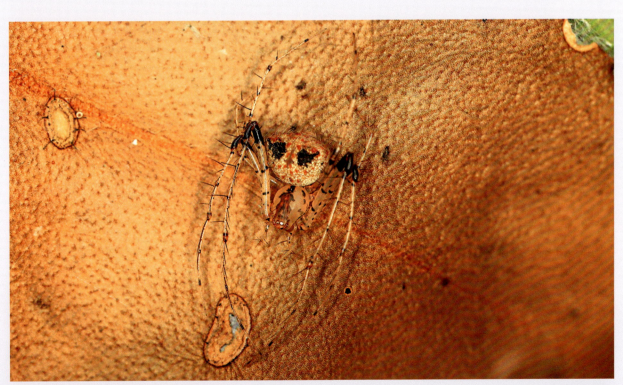

图 161　日本突腹蛛（雌蛛）

88. 砖红拟态蛛 *Mimetus testaceus* Yaginuma, 1960

【鉴别特征】雌蛛体长 4～7 mm，背甲浅黄色，中间和边缘有黑色条纹；腹部背面前端
两侧有突起，梨形，被细毛；步足各节具黑色和淡黄色环纹；步足各节具
多根长刺。雄蛛体长 4～6 mm，步足较雌蛛长，其他特征与雌蛛近似。

【习　　性】主要栖息于灌木树枝间或树皮内。

【地理分布】江西（武夷山），湖南，浙江，贵州，广西；朝鲜，日本，俄罗斯。

图 162　砖红拟态蛛（雌蛛）

图 163　砖红拟态蛛（雄蛛）

十八、米图蛛科 Miturgidae Simon, 1886

米图蛛体型小型至中型，体长 5～27 mm；8 眼 2 列（4-4 排列）；螯肢发达；颚叶增大，侧缘具较弱的锯齿；胸板呈平坦的椭圆形，末端钝形；步足末端具 2 爪，有些种类具毛簇；腹部卵圆形，常具条纹或斑点；腹部腹面无筛器，具舌状体；1 对书肺。主要栖息于落叶层或树皮，游猎捕食。英文名：Prowling spiders。

本科全世界共记录 28 属 136 种，其中我国记录 5 属 9 种，武夷山国家公园江西片区记录 1 属 1 种。

89. 草栖毛丛蛛 *Prochora praticola* (Bösenberg & Strand, 1906)

【鉴别特征】雌蛛体长 6～8 mm，背甲黄褐色；腹部卵圆形，背面灰褐色，被细毛；步足黄褐色。雄蛛体长 5～6 mm，其他特征与雌蛛类似。

【习　　性】主要栖息于落叶层，游猎捕食。

【地理分布】江西（武夷山、赣州峰山、于都），台湾，浙江，江苏；朝鲜，日本。

图 164
图 165

图 164　草栖毛丛蛛（雌蛛）
图 165　草栖毛丛蛛（雄蛛）

十九、线蛛科 Nemesiidae Simon, 1889

线蛛体型中型至特大型，体长8~40 mm；8眼聚集眼域中间呈丘，前后中眼位置种类不同有变化，前后侧眼几乎等大；胸部背面中窝横向，较浅；螯肢粗壮，仅内齿堤具齿；步足末端具3爪。主要栖息于洞穴或石块下，不会做活门。英文名：Tube-trapdoor spiders 或 Wishbone trapdoor spiders。

本科全世界共记录10属153种，其中我国记录3属24种，武夷山国家公园江西片区记录1属1种。

90. 纤细雷文蛛 *Raveniola gracilis* Li & Zonstein, 2015

【鉴别特征】雌蛛体长8~15 mm，背甲黄褐色，螯肢粗壮，胸板淡黄色，近似圆形；腹部灰褐色，背面具不规则浅色斑纹，卵圆形；2对纺器；各步足腿节黄褐色，其他各节棕褐色。雄蛛体长7~12 mm，其他特征近似雌蛛。

【习　　性】主要栖息于竹林、灌木林地面石块下面或土坡洞内，不结网，会挖洞。

【地理分布】江西（武夷山、寻乌、赣州通天岩、赣州峰山），浙江。

图 166
图 167

图 166　纤细雷文蛛（雌蛛）
图 167　纤细雷文蛛（雄蛛）

二十、类球蛛科 Nesticidae Simon, 1894

类球蛛体型小型，体长3～6mm；8眼2列（4-4排列），部分洞穴种类眼完全退化或消失；无筛器；螯肢前齿堤2～3齿，后齿堤具大量小齿；步足无粗刺，但胫节和膝节有听毛；步足末端具3爪，爪具梳状齿；腹部球形，背面多数种类具栅栏纹或条纹；舌状体发达，三角状或指状。多数种类生活于洞穴黑暗环境中，结不规则薄丝网。英文名：Cave cobweb spiders。

本科全世界共记录16属282种，其中我国记录6属53种，武夷山国家公园江西片区记录2属2种。

91. 底栖莫伟蛛 *Howaia mogera* (Yaginuma, 1972)

【鉴别特征】雄蛛体长2～3 mm，背甲灰褐色，放射线灰色；中窝纵向，明显；胸甲心形，灰黑色；腹部背面黄棕色；各步足淡黄色至褐色，第Ⅳ步足跗节具栉器。雌蛛体长3～4 mm，其他特征与雄蛛近似。

【习　　性】主要栖息于低海拔落叶层腐木下面或洞穴中处于黑暗环境的岩壁等水汽较重的地方，结不规则皿网。

【地理分布】江西（武夷山、赣州通天岩），贵州，浙江，陕西，山东，内蒙古；朝鲜，日本，阿塞拜疆，欧洲，太平洋岛屿。

图168　底栖莫伟蛛（雌蛛）
图169　底栖莫伟蛛（雄蛛）

图 168

图 169

图 170　齿小类球蛛（雌蛛）

图 171　齿小类球蛛（雄蛛）

92. 齿小类球蛛 *Nesticella odonta* (Chen, 1984)

【鉴别特征】雌蛛体长 2～4 mm，背甲灰色，边缘灰黑色；中窝凹陷，明显，具放射线；前中眼为昼眼，最小；胸甲心形，深灰黑色；各步足淡灰黄色至淡褐色；各步足腿节和胫节远端有一灰黑色环纹；腹部椭圆形，背面灰黑色。雄蛛体长 1.5～2 mm，其他特征与雌蛛近似。

【习　　性】主要栖息于低海拔落叶层石块、枯烂树木下，结不规则网，平常躲于网下方，捕猎小昆虫为食。

【地理分布】江西（武夷山、赣州通天岩），浙江，安徽。

二十一、拟壁钱科 Oecobiidae Blackwall, 1862

拟壁钱体型小型至中型，体长3～17 mm；6～8眼2列，紧密排列于头域中间位置；无中窝；步足末端具3爪，梳状。我国拟壁钱可以分为拟壁钱亚科和壁钱亚科，前者体型在3mm左右，后者个体较大。拟壁钱主要栖息于人居住区周边墙壁、墙脚、木房的房梁或野外树皮缝隙间等比较干燥的环境中。拟壁钱亚科有筛器，不分隔，肛丘长，边缘具2列长毛；壁钱亚科无筛器，两侧纺器长，后侧纺器基节短，末节长。英文名：Dwarf round-headed spiders 或 Star-legged spiders。

本科全世界共记录6属120种，其中我国记录2属9种，武夷山国家公园江西片区记录2属2种。

93. 船形拟壁钱 *Oecobius navus* Blackwall, 1859

【鉴别特征】雌蛛体长2～3 mm，背甲椭圆形，深褐色，额呈弧状突起；头部微突，灰黑色；中窝横向；腹部卵圆形，背腹扁平；腹部背面鳞白色，散布黑色鳞纹，2对心斑；步足各具1～2个淡黑色环纹。雄蛛体长1～2 mm，较雌蛛体色偏淡，其他特征与雌蛛近似。

【习　　性】主要栖息于居民区房角各处，房角处灰尘较厚，编织的网袋容易附着灰尘而便于躲避天敌。

【地理分布】江西（武夷山、赣州峰山），广东，香港，台湾，云南，浙江，四川，湖南；欧洲，南非，土耳其，高加索，朝鲜，日本，新西兰，加拿大，美国。

图173
图172

图172　船形拟壁钱（雌蛛）
图173　船形拟壁钱（雄蛛）

94. 华南壁钱蛛 *Uroctea compactilis* L. Koch, 1878

【鉴别特征】雌蛛体长 7～10 mm，背甲红褐色，近椭圆形；中窝横向，放射线明显；前中眼最大，其他 6 眼为夜眼；胸板心形，分布细长深褐色细毛；腹面长卵圆形，以灰黑色为主，白色斑多块，散布四边；腹部背面具 2 对明显深褐色肌斑；步足红褐色，被细毛；各步足后跗节和跗节腹面多刺，第 IV 步足最多。雄蛛体长 5～7 mm，其他特征与雌蛛近似。

【习　　性】主要栖息于木房子或老房子房梁或灰色墙壁上或其他有躲避物的地方，结四方向网袋，左右各一个出口，白天躲于网袋内，夜间在网袋周边捕食猎物，网袋表面容易沾灰，便于和周边环境同色，伪装躲避天敌，其天敌主要为蛛蜂。

【地理分布】江西（武夷山、井冈山），福建，浙江，湖南，云南，四川；朝鲜，日本。

图 174

图 175

图 174　华南壁钱蛛（雌蛛）
图 175　华南壁钱蛛（雄蛛）

二十二、卵形蛛科 Oonopidae Simon, 1890

卵形蛛体型小型或微型，体长小于 3 mm；大部分 6 眼，少数 4 眼或无眼，眼为白眼；无筛器；体色较深，多数种类腹部几丁质明显；步足较短，末端具 2 爪；腹部具书肺，但结构简单；舌状体缺失或被具刚毛的板替换。主要栖息于落叶层、树皮、石块下或洞穴内腐烂木块下，游猎捕食其他微小节肢动物，活动能力强。英文名：Goblin spiders。

本科全世界共记录 115 属 1894 种，其中我国记录 15 属 102 种，武夷山国家公园江西片区记录 1 属 1 种。

95. 中华奥蛛 *Orchestina sinensis* Xu, 1987

【鉴别特征】雌蛛体长 1～1.5 mm，背甲淡黄褐色，卵形；6 眼等大；胸板黄色，光滑，基节间无放射沟；腹部卵圆形；腹部背面前端具向两侧白色放射线，黄褐色为主，被白色细毛；步足无色斑，淡黄色。雄蛛体长 0.8～1.2 mm，步足较雌蛛长，其他特征与雌蛛近似。

【习　　性】主要栖息于灌木林或草丛叶片或树枝之间，夜间活动，在树枝或叶片之间拉 1～2 根丝线，依靠这根丝，捕食飞翔的微型昆虫。

【地理分布】江西（武夷山），浙江，安徽，台湾。

图 176
图 177

图 176　中华奥蛛（雄蛛）
图 177　中华奥蛛（雄蛛）

二十三、猫蛛科 Oxyopidae Thorell, 1870

猫蛛体型中型至大型，体长 5～25 mm；8眼（2–2–2–2 排列），聚集在头部中间位置，环绕为八边形，前中眼最小，前侧眼较大；额高，平截状，多数种类具条纹或条状斑点；螯肢长，螯牙短；步足细长，具较多长刺，无毛丛；步足末端具3爪；主要栖息于低矮灌木、乔木等叶片间，游猎捕食。英文名：Lynx spiders。

本科全世界共记录9属446种，其中我国记录4属58种，武夷山国家公园江西片区记录3属4种。

96. 象文钩猫蛛 *Hamadruas hieroglyphica* (Thorell, 1887)

【鉴别特征】雌蛛体长 8～10 mm，背甲深褐色，被浅黄色细毛，头部具条纹状黄纹；腹部背面以草绿色为主，散布淡黄色斑；步足黄褐色，被淡黄色细毛，各节具多根明显长刺。雄蛛体长 6～8 mm，体表被圆形或条纹状白斑，其他特征与雌蛛近似。

【习　　性】主要栖息于草丛叶表面，遇到天敌时躲于叶片背面，未成熟特征一般为颜色鲜艳（橘黄色），游猎捕食。

【地理分布】江西（武夷山、赣江源、齐云山），云南、台湾；缅甸，印度。

图 178　象文钩猫蛛（雌蛛）

图 179　象文钩猫蛛（雌蛛－亚成体）

图 180　象文钩猫蛛（雄蛛）

97. 武夷哈猫蛛 *Hamataliwa wuyiensis* sp. nov.

【鉴别特征】雌蛛体长 4～5 mm，背甲中间灰白色，两侧深灰色，眼域中间黑色；中窝纵向，褐色；腹部梨形，深褐色，被白色细毛，中间具金属光泽；步足灰黑色，各节末端具黑褐色环纹。雄蛛体长 3～3.5 mm，背甲中间为银白色，被白色细毛，两侧边缘黑色；腹部背面银白色，少散布黑色斑点；各步足具长刺，黑色；各步足背面被白色细毛，易掉落。

【习　　性】主要栖息于灌木或蕨类植物叶片之间游猎捕食，每年 7—8 月进行交配繁殖，雌蛛在枯叶片背面产卵。

【地理分布】江西（武夷山）。

图 181　武夷哈猫蛛（雌蛛）

图 182　武夷哈猫蛛（雄蛛）

图 183　斜纹猫蛛（雌蛛）

98. 斜纹猫蛛 *Oxyopes sertatus* L. Koch, 1878

【鉴别特征】雌蛛体长 7~10 mm，背甲黄褐色，中纵带及侧纵带白色；中窝褐色；胸板淡黄褐色；腹部背面黄褐色，心斑赤褐色，棱形，两侧赤褐色，两边缘有 3~4 对白色斜形条纹；腹部腹面中央黑褐色；步足各节具多根长刺，黄褐色。雄蛛体长 6~7 mm，其他特征与雌蛛近似。

【习　　性】主要栖息于草丛、低矮灌木叶片或树枝之间，游猎捕食，雌蛛常在叶片末端背面产卵并存在护卵行为。

【地理分布】江西（武夷山、赣州峰山），湖南，台湾，浙江，江苏，四川，台湾；印度，尼泊尔，朝鲜，日本。

图 184　斜纹猫蛛（雄蛛）

99. 盾形猫蛛 *Oxyopes sushilae* Tikader, 1965

【鉴别特征】雌蛛体长 7~11 mm，背甲中间黄褐色，两侧灰褐色，之间为白色条纹；中窝纵向，细棒状，赤褐色；胸甲被褐色细毛；腹部背面中间褐色棱形纹，其两边为白色条纹至纺器，两侧为黑色条纹；各步足褐绿色，膝节颜色加深，各节被多根长刺。雄蛛体长 7~9 mm，各步足较雌蛛长，其他特征与雌蛛近似。

【习　　性】主要栖息于草丛、低矮灌木叶片或树枝之间游猎捕食，雌蛛常在叶片末端背面产卵并存在护卵行为。

【地理分布】江西（武夷山、赣州），海南，广东，浙江，湖南，贵州，台湾；印度。

图 185　盾形猫蛛（雌蛛）

图 186　盾形猫蛛（雄蛛）

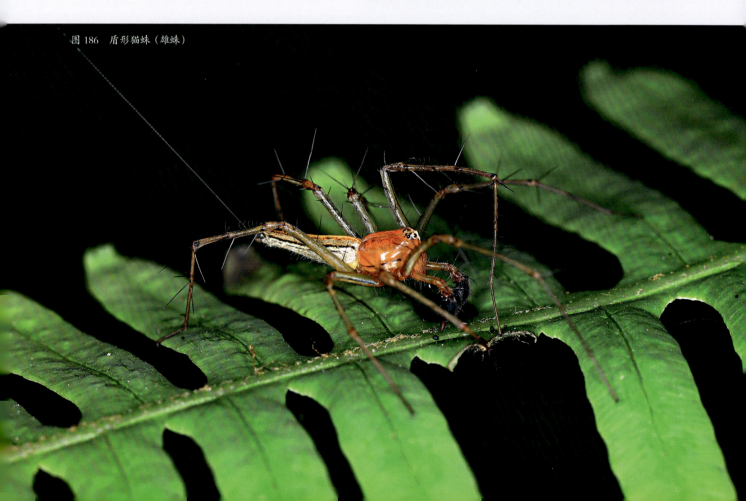

二十四、逍遥蛛科 Philodromidae O. P. –Cambridge, 1871

逍遥蛛体型小型至中型，体长4~15 mm；8眼2列（4-4排列），无明显眼斤；身体颜色多样，由白色至浅红色等；螯肢齿堤常无齿；步足向两侧伸展，第Ⅰ步足较长，第Ⅰ、第Ⅱ步足的爪下具毛丛；腹部背面心斑明显；纺器简单，无舌状体。逍遥蛛主要栖息于灌木丛、草丛和树皮缝隙间，游猎捕食。英文名：Small huntsman spiders。

本科全世界共记录29属522种，其中我国记录5属58种，武夷山国家公园江西片区记录1属3种。

100. 红棕逍遥蛛 *Philodromus rufus* Walckenaer, 1826

【鉴别特征】雌蛛体长2~3.5 mm，背甲橙褐色，散布黄色斑点，两边缘灰褐色；腹部背面黄褐色，密布黑色斑点，后半部有多个不明显"人"字纹；步足黄褐色，末端颜色较白，各节明显。雄蛛体长2.5~4 mm，体色较雌蛛深，其他特征与雌蛛近似。

【习　　性】主要栖息于灌木丛或草丛叶片间游猎捕食。

【地理分布】江西（武夷山），福建，云南，四川，西藏，陕西，河北，甘肃，青海，内蒙古，辽宁，吉林；北美洲，欧洲，土耳其，俄罗斯，哈萨克斯坦，伊朗，朝鲜，日本。

图 188

图 187

图 187　红棕逍遥蛛（雌蛛）
图 188　红棕逍遥蛛（雄蛛）

101. 刺跗逍遥蛛 *Philodromus spinitarsis* Simon, 1895

图 189 刺跗逍遥蛛（雌蛛）

【鉴别特征】雌蛛体长 6～7 mm，背甲灰黑色，两侧边缘黑色；中窝明显；腹面扁平，灰黑色，前宽后尖，背面被黑色斑点，背面后半部边缘有 1 条弧形白线；各步足背面具长刺，棕灰色，散布黑色环纹。雄蛛体长 4～5.5 mm，触肢器生殖器黑色，头胸部背面中间被银白色细毛，边缘为黑褐色；腹部背面被银白色或灰银色细毛。

【习　　性】主要栖息于树皮缝隙之间游猎捕食，在树皮内结网袋产卵及蜕皮。

【地理分布】江西（武夷山、寻乌、赣州市区），湖南，湖北，台湾，广东，浙江，四川，西藏，陕西，山西，河北，宁夏，新疆，北京，内蒙古，山东，辽宁，吉林，黑龙江；朝鲜，日本，俄罗斯。

图 190 刺跗逍遥蛛（雄蛛）

102. 土黄逍遥蛛 *Philodromus subaureolus* Bösenberg & Strand, 1906

【鉴别特征】雌蛛体长 4～6 mm，背甲两侧黄褐色，中间黄白色，两侧边缘有许多黑色小斑点；中窝不明显；眼区黄白色，各眼均着至于黑色眼丘之上；胸甲心形，淡黄色；螯肢黄褐色；腹部前端较平，后部稍尖，背面有许多银白色小斑块；腹部腹面浅黄色；各步足腿节均有 3 根背刺。雄蛛体长 3.5～4.5 mm，腹部较雌蛛瘦小；体色及步足颜色较雌蛛深，其他特征与雌蛛近似。

【习　　性】主要栖息于低矮灌木的叶片之间，游猎捕食，蜕皮时会在叶片背面结网袋躲于其中，待到体表颜色变深为止。

【地理分布】江西（武夷山、赣州峰山、崇义阳明山），湖南，湖北，浙江，江苏，安徽，河南，陕西，山西，河北，甘肃，宁夏，新疆，内蒙古，山东，辽宁，吉林，黑龙江；朝鲜，日本。

图 191　土黄逍遥蛛（雌蛛）

图 192　土黄逍遥蛛（雄蛛）

二十五、幽灵蛛科 Pholcidae C. L. Koch, 1850

幽灵蛛体型微小型至中型，体长 2～10 mm；8 眼 3 组，前中眼小，黑色，其他眼在头区两侧，每 3 眼形成眼域，有些幽灵蛛种类前中眼消失；步足细长，其长度是体长的 4 倍以上；步足末端具 3 爪；具小舌状体。幽灵蛛主要栖息于潮湿的岩壁、石块、灌木叶片下和洞穴内，结不规则网，悬于网下；雌蛛产的卵袋，用螯牙叼着，有护卵行为。英文名：Daddy-long-legs spiders。

本科全世界共记录 97 属 1928 种，其中我国记录 16 属 224 种，武夷山国家公园江西片区记录 4 属 5 种。

103. 莱氏壶腹蛛 *Crossopriza lyoni* (Blackwall, 1867)

【鉴别特征】雌蛛体长 4.5～6 mm，背甲淡黄色；头部微隆起；胸甲褐色，中央稍深；颚叶、下唇褐色；腹部淡黄色，腹末端较尖；腹部背面多黑色斑纹；步足细长，淡黄色，具较多黑色斑点。雄蛛体长 4～6 mm，其特征与雌蛛近似。

【习　　性】主要栖息于居民区周边或房梁上或墙角落处，结不规则皿网，结网量大，以捕猎其他小型昆虫为食。

【地理分布】江西（武夷山、赣州），福建，湖南，浙江，广西，海南；亚洲，非洲，美国，比利时，德国，密克罗尼西亚。

图 194

图 193

图 193　莱氏壶腹蛛（雌蛛）
图 194　莱氏壶腹蛛（雄蛛）

图 195　谷川瘦幽灵蛛（雌蛛）

104. 谷川瘦幽灵蛛 *Leptopholcus tanikawai* Irie, 1999

【鉴别特征】雌蛛体长 5～6 mm，背甲淡黄色，胸部中间有灰黑色斑块；眼区隆起；腹
柄淡褐色，明显；腹部筒形，淡黄色，背面散布灰黑色斑块；步足黄褐色，
细长。雄蛛体长 4.5～6 mm，腹部细长条状；其他特征与雌蛛类似。

【习　　性】主要栖息于灌木林的较大叶片背面，在叶片背面结不规则皿网。

【地理分布】江西（武夷山），福建，贵州，湖南；日本。

105. 武夷幽灵蛛 *Pholcus wuyiensis* Zhu & Gong, 1991

【鉴别特征】雌蛛体长 7～8 mm，背甲灰白色，胸部中间为对称深黑色斑块；眼域隆起；腹部肌斑明显；腹部背面淡褐色散斑；步足灰黑色，各结末端淡黄色环纹。雄蛛体长 6～7 mm，其特征与雌蛛近似。

【习　　性】主要栖息于山谷大石块下面或河沟两岸隐避处，结不规则皿网。

【地理分布】江西（武夷山），福建。

图 196　武夷幽灵蛛（雌蛛）

图 197　武夷幽灵蛛（雄蛛）

106. 星斑幽灵蛛 *Pholcus spilis* Zhu & Gong, 1991

【鉴别特征】雌蛛体长 3～4 mm，背甲灰黑色，头部隆起；中窝不明显；腹部筒形，黄橙色，背面
有对称的褐色斑块，长条菱形；步足黄色，有褐色环纹和斑点。雄蛛体长 3～3.5 mm，
触肢黄褐色，其他特征与雌蛛相似。

【习　　性】主要栖息于低海拔岩壁石缝之间或树皮之间或瓦片下面等处，结不规则皿网。

【地理分布】江西（武夷山、赣州通天岩），湖南，湖北，贵州，四川，江苏。

图 198　星斑幽灵蛛（雌蛛）

图 199　星斑幽灵蛛（雌雄交配）

图 200　星斑幽灵蛛（雄蛛）

107. 六眼幽灵蛛 *Spermophora senoculata* (Dugès, 1836)

【鉴别特征】雌蛛体长 2~2.5 mm，背甲梨形，淡黄色或淡灰黄色；中窝不明显；胸甲近椭圆形；腹部肥圆形，淡黄色；心斑明显，对称斑 3~4 对；步足淡黄色或灰黄色。雄蛛体长 2 mm，腹部卵形，其他特征与雌蛛近似。

【习　　性】主要栖息于居民区或岩壁潮湿墙角跟、柜子内壁等处，结不规则皿网。

【地理分布】江西（武夷山、赣州），浙江，湖南；中东，引种至美国、牙买加，欧洲南部国家，韩国，日本。

图 201　六眼幽灵蛛（雌蛛）

二十六、刺足蛛科 Phrurolithidae Banks, 1892

刺足蛛体型小型至中型，体长2～6 mm；8眼2列（4–4排列），后中眼为昼眼；无筛器；步足末端具2爪；第Ⅰ、第Ⅳ步足胫节和后跗节腹面具2行排列的长刺，而后2对步足基本无刺。腹部卵圆形，背面后半部多数种类具"人"字形斑纹。主要栖息于落叶层，游猎捕食，繁殖季节时同种一个区域数量较多。英文名：Phrurolithid spiders。

本科全世界共记录24属366种，其中我国记录12属177种，武夷山国家公园江西片区记录1属1种。

108. 灿烂羽足蛛 *Pennalithus splendidus* (Song & Zheng, 1992)

【鉴别特征】雌蛛体长4～5 mm，背甲黑褐色，具金属亮光，被白色细绒毛；腹部背面黑褐色，背面具3条淡白色条纹；腹部末端具小条白色条纹；步足深褐色，第Ⅰ、第Ⅳ步足的胫节末端为白色环纹。雄蛛体长3.5～4 mm，触肢黑褐色；各步足黄褐色，其他特征与雌蛛类似。

【习　　性】主要栖息于落叶层，活动能力强，游猎捕食其他小型昆虫。

【地理分布】江西（武夷山、赣州峰山），浙江，山西，河北；朝鲜，日本。

图202
图203

图 202　灿烂羽足蛛（雌蛛）
图 203　灿烂羽足蛛（雄蛛）

二十七、盗蛛科 Pisauridae Simon, 1890

盗蛛体型中型至超大型，体长 8～40 mm；8 眼 3 列（4–2–2 或 2–4–2 排列），后眼列强烈后凹；螯肢两侧有侧结节；步足细长，胫节的腹面具成对的长刺；后跗节和跗节的背面具听毛，跗节的背面近基部具跗节器。跗爪的成对爪有许多小齿，非成对爪一般有 1～2 枚小齿。纺器具 3 对，具舌状体。盗蛛属游猎蜘蛛，成体主要生活于小溪流边、稻田、沼泽湿地，而幼体喜欢栖息于树叶间或毛草上面，幼体会在叶片上面结小网，主要是栖息场所，而成体为游猎型，且离不开水，雌性蜘蛛产卵为球形卵袋并抱卧于腹部胸板下面，幼蛛出卵袋时雌蛛会爬到较高树权或草丛间，让幼蛛顺风向四周扩散。英文名：Fish-eating spiders 或 Nursery-web spiders。

本科全世界记录 52 属 359 种，其中中国记录 11 属 42 种，武夷山国家公园江西片区记录 4 属 6 种。

109. 褐腹绞蛛 *Dolomedes mizhoanus* Kishida, 1936

【鉴别特征】雌蛛体长 15～18 mm，背甲深灰褐色，近乎圆形；胸区中间具 1 条黄褐色纵条纹；眼区后方为黄褐色近方形斑块；腹部背面深褐色，中间为黄褐色条纹到腹部末端，散布白色斑点；各步足深褐色，散布白色绒毛，被多根长刺。雄蛛体长 11～14 mm，头胸部和腹部两侧具白色纹；背甲较宽，近圆形；其他特征与雌蛛类似。

【习　　性】主要栖息于静水池塘岸边的草丛或树权之间，游猎捕食。

【地理分布】江西（武夷山、赣州峰山、寻乌），湖南，广西，海南，台湾，云南；老挝，马来西亚。

图 204

图 205

图 204　褐腹绞蛛（雌蛛）
图 205　褐腹绞蛛（雄蛛）

110. 黑斑绞蛛 *Dolomedes nigrimaculatus* Song & Chen, 1991

图 206　黑斑绞蛛（雄蛛）

【鉴别特征】雌蛛体长 15～22 mm，背甲棕褐色，中间有 1 条细黑色条纹；胸区两侧为黑色和黄白色条边三角形斑；腹部棕灰色，散布黄白色斑点；腹部前端两侧为黑色三角形斑块；各步足灰褐色，被多根长刺。雄蛛体长 12～15 mm，背甲被白色绒毛，面积较其他绞蛛都大，其他特征与雌蛛近似。

【习　　性】主要栖息于常绿阔叶林地面或小水流周边位置，游猎捕食。

【地理分布】江西（武夷山、赣州峰山、齐云山、井冈山），浙江，河北，湖南，贵州。

图 207　黑斑绞蛛（雌蛛 – 卵袋）

111. 黄褐绞蛛 *Dolomedes sulfureus* L. Koch, 1878

【鉴别特征】雌蛛体长 12～15 mm，背甲颜色多变，颜色以深色为主，被细毛；螯肢前端具多刺，明显；腹部背面颜色多变，卵圆形，深色为主；步足各节具长刺，颜色一般与体色相似。雄蛛体长 10～12 mm，体色存在多变现象，其他特征与雌蛛近似。

图 208　黄褐绞蛛（雌蛛）

图 209　黄褐绞蛛（雌蛛）

【习　　性】主要栖息于有水的水草上面或较高草丛的叶片上面，游猎捕食。

【地理分布】江西（武夷山、赣江源、齐云山、井冈山），福建，浙江，四川，贵州，安徽，湖北，湖南，云南，台湾；俄罗斯，朝鲜，日本。

图 210　黄褐绞蛛（雄蛛）

图 211　黄褐绞蛛（雄蛛）

112. 长触潮蛛 *Hygropoda higenaga* (Kishida, 1936)

【鉴别特征】雌蛛体长 12～15 mm，背甲灰褐色，中间纵条白色纹，两侧细条白色纹；螯肢前具多刺；腹部卵圆形，背面棕褐色，两侧为浅黄褐色；步足腿节具多棘；步足细长。雄蛛体长 10～14 mm，步足较雌蛛长，其他特征与雌蛛近似。

【习　　性】主要栖息于溪水或水塘的树权间，成体喜在水域和树枝间活动，善于水上活动，繁殖季节多集群活动。

【地理分布】江西（武夷山、于都、赣州峰山、信丰），湖南，云南，广西，台湾；日本。

图 212　长触潮蛛（雌蛛）

图 213　长触潮蛛（雄蛛）

图 214　双角盗蛛（雌蛛）

113. 双角盗蛛 *Pisaura bicornis* Zhang & Song, 1992

【鉴别特征】雌蛛体长 13～15 mm，背甲棕色，被白色细毛；眼的周边为红色眼丘；腹部背面棕褐色，两侧为白色纹，散布黑色细小斑点；第 I 步足腿节具白色绒毛，而第 II 步足腿节少许；第 III、第 IV 步足腿节黑褐色。雄蛛体长 12～14 mm，步足细长，其他特征与雌蛛近似。

【习　　性】主要栖息于矮灌木叶片及树枝间，游猎捕食。

【地理分布】江西（武夷山、崇义阳明山），浙江，河北，四川，陕西，河南，湖南，吉林，西藏；朝鲜，日本，俄罗斯。

图 215　双角盗蛛（雌蛛－卵袋）

图 216　双膜黔舌蛛（雌蛛）

114. 双膜黔舌蛛 *Qianlingula bilamellata* Zhang, Zhu & Song, 2004

【鉴别特征】雌蛛体长 8～9 mm，背甲土黄色，两侧具白色条纹；螯肢前端具白色
　　　　　　长刺，明显；8 眼，后侧眼略后靠，和本科其他属不同；腹部背面中间
　　　　　　主要为土黄色，两侧为淡黄色具齿状突起；步足黄褐色，背面具多根
　　　　　　长刺。

【习　　性】主要在有水流的小溪边芦苇秆枯叶之间活动，一般捕食在水面活动的
　　　　　　昆虫。

【地理分布】江西（武夷山、赣江源），湖南，贵州。

二十八、楼网蛛科 Psechridae Simon, 1890

楼网蛛体型中型至大型，体长 8～32 mm；8 眼 2 列（4-4 排 列），眼大小相似；步足细长，多刺；第Ⅰ、第Ⅱ步足显著长；步足末端具 3 爪，有毛丛；有分隔筛器；腹部卵圆形或圆筒形。楼网蛛属结网型蜘蛛，结大型皿网，丝网表面具黏性，夜间活动为主，白天网受振动时快速躲于隐蔽所内，受到惊吓时具假死行为。英文名：Cribellate sheetweb spiders。

本科全世界记录 2 属 61 种，其中我国记录 2 属 18 种，武夷山国家公园江西片区记录 1 属 1 种。

115. 广楼网蛛 *Psechrus senoculatus* Yin, Wang & Zhang, 1985

【鉴别特征】雌蛛体长 20～25 mm，背甲黄褐色，中窝明显，具放射线；头区中间为棕色；螯肢多被细毛；额高；腹部背面灰褐色，被白色细条纹；步足较长，各节具多根长刺，后跗节和跗节多被细毛。雄蛛体长 18～20 mm，颜色较深，步足较雌蛛长，其他特征与雌蛛类似。

【习　　性】主要栖息于灌木林、竹林、岩壁、土坡可隐蔽的地方，结大型漏斗形网，外面网的面积特别大，到隐蔽处呈漏斗状，白天一般躲于隐蔽处，夜间在网的外面等待捕食；每年的 4—5 月为繁殖季节。

【地理分布】江西（武夷山、井冈山、赣州峰山），湖南，广西，贵州，浙江，安徽。

图 217	
图 218	图 219

图 217　广楼网蛛（雌蛛）
图 218　广楼网蛛（雌蛛–卵袋）
图 219　广楼网蛛（雄蛛）

二十九、跳蛛科 Salticidae Blackwall, 1841

跳蛛多数体型为小型，少数体型为中型，体长 3～18mm；8 眼 3 列（4–2–2 排列），前中眼最大，似灯泡；螯肢前齿堤多具小齿，后齿堤具单齿、板齿或无齿；有些跳蛛体表颜色鲜艳，腹部背面带有不同颜色花纹；步足常短粗，末端具 2 爪，具毛簇。跳蛛多数为昼出游猎捕食，落叶层、灌木、草丛、树皮和树冠层都具有分布；极少数种类会结网捕食猎物；孔蛛属是跳蛛中主要捕猎其他蜘蛛为食的种类，其行为类似于拟态蛛科种类。英文名：Jumping spiders。

本科是蜘蛛目第一大科，全世界共记录 674 属 6562 种，其中我国记录 118 属 526 种，武夷山国家公园江西片区记录 26 属 32 种。

116. 华南菱头蛛 Bianor angulosus (Karsch, 1879)

【鉴别特征】雌蛛体长 4～6 mm，背甲黑褐色。胸板红褐色；腹部背面浅褐色，隐约可见 3 对白斑，后端有黑色"山"字形纹 4～5 个。腹部腹面浅褐色。雄蛛体长 3～5 mm，背甲黑褐色，有 3 对白斑；腹部背面橘褐色或黑色，有白斑 4 对，最末 1 对白斑较小；腹部腹面黄褐色。

【习　　性】喜栖息于潮湿有芦苇或草丛的叶片背面或叶片之间，结网袋，喜白天活动，夜间躲于网袋内。

【地理分布】江西（武夷山、赣州峰山、赣州通天岩），广东，广西，福建，云南，浙江，江苏，安徽，湖南，湖北，河南，河北，四川，贵州，陕西，山东，西藏，台湾；印度、斯里兰卡、不丹、孟加拉国、缅甸、越南、泰国、马来西亚、印度尼西亚。

图 220　华南菱头蛛（雌蛛）

图 221　华南菱头蛛（雄蛛）

图 222 角猫跳蛛（雌蛛）

117. 角猫跳蛛 *Carrhotus sannio* (Thorell, 1877)

【鉴别特征】雌蛛体长 4.5～6 mm，体色多变；额、螯肢及步足具较少白毛或无白毛；步足褐黑色，无毛丛；腹部卵圆形，背面肌斑两对，明显；腹部背面被黄色细毛，中间为淡灰色细毛。

【习　　性】主要栖息于低矮灌木或草丛叶片之间，游猎捕食。

【地理分布】江西（武夷山、信丰油山），广东，广西，福建，云南，河南，湖南；尼泊尔，留尼汪，越南，印度，缅甸，马来西亚，印度尼西亚。

118. 黑猫跳蛛 *Carrhotus xanthogramma* (Latreille, 1819)

【鉴别特征】雌蛛体长 4～5.5 mm。背甲黑褐色。
腹部背面黄色底上有灰黑色斑点。
触肢具白色环状长细毛；步足黄褐
色，各结末端为褐色环纹。雄蛛体
长 4～5 mm。背甲黑色，两侧具白
色细毛；胸甲橄榄形，暗褐色；步
足褐色，密被长毛，具多根长刺；
腹部背面灰黑色，有长而密的白色
细毛；腹部腹面灰黑色；其余外形
特征与雌蛛相同。

【习　　性】主要栖息于灌木的叶片下，结网
袋，游猎捕食其他小型昆虫。

【地理分布】江西（武夷山、信丰油山），西藏，
广东，广西，福建，四川，浙江，
湖南，湖北，河北，北京，贵州，
陕西，河南，山东，辽宁，吉林，
台湾；欧洲，土耳其，高加索地
区，俄罗斯，朝鲜，日本。

图 223　黑猫跳蛛（雌蛛）

图 224　黑猫跳蛛（雄蛛）

119. 彭氏华斑蛛 *Chinophrys pengi* Zhang & Maddison, 2012

【鉴别特征】雌蛛体长 2～3 mm，背甲灰黑色，颈沟两侧被白褐色细毛，头部区域微隆起；腹部背面灰褐色，两排宽带为淡黄白色横纹，卵圆形；步足腿节黑色，胫节和腿节前端具淡黄白色环纹。

【习　　性】主要栖息于低矮灌木、树枝或落叶层间，游猎捕食。

【地理分布】江西（武夷山），湖南，广西。

图 225　彭氏华斑蛛（雌蛛）

120. 针状丽跳蛛 *Chrysilla acerosa* Wang & Zhang, 2012

图 226　针状丽跳蛛（雌蛛）

【鉴别特征】雌蛛体长 8～9 mm，背甲黑褐色；头区隆起，眼域向外侧斜下沿，密被灰色细毛；腹部长卵圆形，背面前端两侧边缘白色纹，往后橘黄色和亮银白块状纹，能反射金属光泽；步足浅黄褐色，背面被金属色细毛。雄蛛体长 7～8 mm，背后黑褐色；眼域中间被金属细毛，头区两侧被灰白色细毛；腹部背面中间被银白色纵条纹，中间散布两块橘黄色斑，两侧灰黑色；步足背面被金属色细毛。

【习　　性】主要在黄竹林的竹竿之间活动，平常躲于枯烂的竹筒内，在里面结网袋蜕皮或产卵。

【地理分布】江西（武夷山、赣州峰山、赣州通天岩、信丰金盆山），重庆。

图 227　针状丽跳蛛（雄蛛）

121. 爪格德蛛 *Gedea unguiformis* Xiao & Yin, 1991

【鉴别特征】雌蛛体长 3～4 mm，背甲红褐色，眼域黑褐色。胸板橄榄色，前端宽而平切。腹部背面褐色，具有灰白及黑褐色毛，无明显斑纹，但散生有黄褐色斑点；腹部腹面黄褐色，纺器褐色；各步足橙黄色，具有红褐色纵条纹及轮纹。雄蛛体长 2.5～3 mm，其他特征与雌蛛近似。

【习　　性】主要栖息于地表落叶层或树皮缝隙内，游猎捕食。

【地理分布】江西（武夷山），广西。

图 228　爪格德蛛（雌蛛）

图 229　荣艾普蛛（雌蛛）

图 230　荣艾普蛛（雄蛛）

122. 荣艾普蛛 *Epeus glorius* Zabka, 1985

【鉴别特征】雌蛛体长 6～8 mm，背甲浅绿色；眼域中间淡黄色，被细毛；腹部背面浅绿色，两侧中间为浅黄色条纹；各步足腿节和膝节浅绿色，其他各节背面多被黑色和黄色细毛。雄蛛体长 6～7 mm，背甲浅褐色；眼域中间棕黄色，两侧被有少许白毛；中窝赤褐色，纵向；胸板卵圆形，浅褐色，被稀疏褐色毛，边缘深褐色；腹部筒状，背面浅黄褐色，无斑纹，腹面浅黄褐色；各步足细长多毛，黑褐色，隐约可见暗色环纹。

【习　　性】主要栖息于灌木的叶片背面，结不规则网袋，较紧密，蜕皮和产卵时躲于其中，游猎捕食。

【地理分布】江西（武夷山、崇义、于都、赣州通天岩），广西，广东，云南；越南，马来西亚。

123. 白斑猎蛛 *Evarcha albaria* (L. Koch, 1878)

【鉴别特征】雌蛛体长6～8 mm，背甲褐色，两边缘被白色条纹细毛；眼域黑褐色；额和螯肢前面被白色细毛；腹面背面2对肌斑，明显；背面中间棕色，前端及两侧边缘为白色弧形斑；腹部腹面浅黄色；各步足棕色，各节末端具黄褐色环纹。雄蛛体长4～6 mm，背甲黑褐色，两边缘被浅黄色条纹细毛；额和螯肢前面多被黑色细毛；腹部背面前端黄白色，其他为黄色，纺器灰黑色；各步足黑色。

【习　　性】主要栖息于灌木或草丛叶片间，游猎捕食。

【地理分布】江西（武夷山、赣州峰山），广东，广西，甘肃，福建，浙江，江苏，安徽，湖南，湖北，云南，四川，河南，陕西，山西，河北，山东，新疆，辽宁，吉林，贵州；朝鲜，日本，俄罗斯。

图 231　白斑猎蛛（雌蛛）

图 232　白斑猎蛛（雄蛛）

图 233　花蛤沙蛛（雌蛛）

图 234　花蛤沙蛛（雄蛛）

124. 花蛤沙蛛 *Hasarius adansoni* (Audouin, 1826)

【鉴别特征】雌蛛体长 5～6 mm，背甲深黑色，两侧边缘有细毛；胸甲灰黄色；腹部背面棕褐色，被棕色细毛。第Ⅰ、第Ⅱ步足黑褐色；第Ⅲ、第Ⅳ步足腿节、膝节黑褐色，其他各节棕褐色。雄蛛体长 3～4 mm，背甲棕褐色，下边缘具半弧形白色条纹；触肢跗节和腿节具黑色细毛，膝节和胫节较长，被白色长细毛；腹部背面前端灰黑色，随后有 1 条白色弧形纹，正中间条斑黄褐色，后端两侧各有 2 个圆形白斑；步足棕褐色，被淡黄色细毛。

【习　　性】主要栖息于灌木丛或草丛间，游猎捕食，也常见于室内活动。

【地理分布】江西（武夷山、赣州），海南，香港，广东，台湾，福建，湖南，云南，四川，广西，甘肃，贵州；非洲、中东地区，美洲，欧洲，印度，老挝，越南，日本，澳大利亚。

125. 双带扁蝇虎 *Menemerus bivittatus* (Dufour, 1831)

【鉴别特征】雌蛛体长 6～7.5 mm，背甲黑褐色，扁平，中间被褐色及白色长毛，边缘黑色；胸甲卵形，被白色及褐色长毛，边缘暗褐色；颚叶、下唇褐色，被黑色长毛，端部色浅具绒毛；触肢密被白色长毛；腹面浅灰色，中央隐约可见 3 条灰色纵纹；步足褐色，具灰黑色环纹。雄蛛体长 5.5～6.5 mm，背甲黑褐色，眼域黑褐色；胸甲红褐色，后端边缘具白毛；腹部腹面生殖沟前为黄褐色，生殖沟后为浅黄色。

【习　　性】主要栖息于居民区的墙壁或树皮表面，游猎捕食。

【地理分布】江西（武夷山、齐云山、赣州通天岩、赣州峰山），海南，广东，湖南，广西，云南；非洲，美洲，欧洲，土耳其，印度，日本，澳大利亚。

图 235　双带扁蝇虎（雌蛛）　　　　　　　　　　图 236　双带扁蝇虎（雄蛛）

图 237　吉蚁蛛（雌蛛）

图 238　吉蚁蛛（雄蛛）

126. 吉蚁蛛 *Myrmarachne gisti* Fox, 1937

【鉴别特征】雌蛛体长 6～7.5 mm，背甲红褐色，中间有凹陷；腹部腹面灰黑色；腹部背面前端黄褐色，中间靠前有 1 条白色细纹，中后端黑褐色，靠后端有 2 条灰白色细纹；步足棕褐色为主，第 Ⅱ 步足颜色较浅。雄蛛体长 6～8 mm，背甲黑色，隆起，前缘有白毛；胸板卵圆形，红褐色；头部与胸部之间两侧横缢处各有 1 条被白毛的三角斑；腹柄细长，明显；腹部灰黑色，前端略隆起，有 2 条浅色横带，前狭后宽。

【习　　性】主要栖息于灌木或草丛间，游猎捕食，多在叶片背面结网袋，在网袋内蜕皮及交配产卵。

【地理分布】江西（武夷山、赣州通天岩），广东，福建，浙江，江苏，安徽，湖南，云南，四川，河南，陕西，山西，河北，山东，吉林，贵州；越南。

127. 上位蝶蛛 *Nungia epigynalis* Zabka, 1985

【鉴别特征】雌蛛体长 5～6 mm。背甲黑褐色，头部方形被细毛且高于胸部；中窝和反射线不明显；第Ⅰ步足腿节、膝节、胫节和后跗节黑色，跗节淡黄褐，内侧具多根白色长刺；第Ⅱ～第Ⅳ步足各节黄褐色；腹部背面黄褐色，背面两侧中间为淡黄色长条细斑直到纺器，其两侧散布细条段淡黄色斑。雄蛛体长 4～5 mm。背甲黑褐色，头部眼域方形且平直，具金属光泽；胸部倾斜，中窝和反射线不明显；触肢胫节和副跗舟背面被白色细毛；第Ⅰ步足腿节和胫节淡黑色，膝节和后附节淡黄色被白色细毛；第Ⅱ～第Ⅳ步足各节淡黄色；腹部背面中间两侧各具 1 条橘黄色纵条纹，其条纹两侧淡灰色，腹部中间淡黄色；腹部纺器淡灰黑色。

【习　　性】主要栖息于低矮灌木或落叶层叶片之间，游猎捕食。

【地理分布】江西（武夷山、齐云山），湖南，广东，广西，云南；越南。

图 239　上位蝶蛛（雌蛛）

图 240　上位蝶蛛（雄蛛）

128. 武夷山奥诺玛蛛 *Onomastus wuyishanensis* sp. nov.

【鉴别特征】雌蛛体长 4～5 mm，背甲浅绿色；后中眼黑色，眼域中间被白色细毛；腹部卵圆形，浅绿色，两侧浅黄色，纺器浅白色；各步足浅通明绿，第Ⅲ、第Ⅳ步足腿节后端为浅蓝色环纹；各步足背面具多根长刺。雄蛛体长 3～4 mm，背甲淡黄色；腹部淡黄色；触肢黄色；其他特征与雌蛛类似。

【习　　性】主要栖息于较大叶片背面，夜间活动为主，白天较少活动，体色与叶子颜色较近，比较难发现。

【地理分布】江西（武夷山）。

图 241　武夷山奥诺玛蛛（雌蛛）

图 242　武夷山奥诺玛蛛（雄蛛）

129. 粗脚盘蛛 *Pancorius crassipes* (Karsch, 1881)

【鉴别特征】雌蛛体长 12～16 mm；背甲黄褐色，中间被白色条纹细毛，两侧被浅黄色细毛；腹部背面中间为白色条纹直到纺器，两侧为浅棕色并散布黑色斑点；步足深棕色，有黑棕色环纹；各步足背面被多根长刺及白色细长毛。雄蛛体长 9～11 mm；背甲褐色，两侧、后缘及眼域两侧黑褐色，中窝纵向；胸甲浅褐色，边缘深褐色；腹部长卵形，背面灰黑色，正中有 1 条浅黄色纵带贯穿前、后缘；肌斑 2 对，明显；步足黑色，被白色细长毛，第Ⅰ、第Ⅱ步足胫节及后跗节具毛丛。

【习　　性】主要栖息于灌木丛或草丛或落叶层背面，结网袋，游猎捕食。

【地理分布】江西（武夷山、赣州峰山、于都屏山、齐云山），湖南，福建，广西，四川，台湾；东亚和南亚，波兰。

图 243　粗脚盘蛛（雄蛛）

图 244　粗脚盘蛛（雌蛛）

130. 卡氏金蝉蛛 *Phintella cavaleriei* (Schenkel, 1963)

【鉴别特征】雌蛛体长 4～5.5 mm，背甲灰棕色，胸区中间及两侧边缘被白色细毛；单眼周边被白色细毛；眼区中间被白色细毛；腹部背面灰黑色，散布白色斑纹；步足浅灰色，各节末端具环纹，背面具多根长刺。雄蛛体长 3.5～4.5 mm，背甲黑色，眼域、各眼周围被白色细长毛；腹部背面灰黄色，被散生褐色斑，腹部末端有 1 个黑褐色圆斑，腹部背面后部正中有 2 个淡褐色弧形斑；各步足的腿节、膝节和胫节黑色，后跗节和跗节淡黄色，各节背面具多根长刺。

【习　　性】主要栖息于灌木丛和草丛之间，游猎捕食，也常在树皮背面结网袋。

【地理分布】江西（武夷山、赣州），福建，浙江，湖南，湖北，广西，四川，贵州，甘肃；朝鲜。

图 245　卡氏金蝉蛛（雌蛛）

图 246　卡氏金蝉蛛（雄蛛）

131. 武夷山金蝉蛛 *Phintella wuyishanensis* sp. nov.

【鉴别特征】雌蛛体长 3.5～4 mm，背甲黑色，胸部中间及两侧边缘被白色细毛，眼域中间被白色细毛；眼域各眼为黑色，前中眼眼丘被淡黄色细毛；触肢透明淡黄色；腹部背面灰黑色，中间被条纹状白色细毛，腹部后端浅黄色；各步足淡黄色，背面被多根长刺；膝节背面白色。雄蛛体长 3～3.5 mm，背甲黄棕色，两侧边缘被淡黄色细毛；眼域各单眼为棕褐色，前中眼眼丘被橘黄色细毛；腹部背面黄棕色，两侧被淡黄色细毛；步足各节淡黄色，具黑色环纹。

【习　　性】主要栖息于灌木丛叶片之间，游猎捕食，在叶片之间结丝袋，白天活动夜间躲于其网袋内，蜕皮时吊于叶片边缘处，悬空蜕皮。

【地理分布】江西（武夷山）。

图 247　武夷山金蝉蛛（雌蛛）

图 248　武夷山金蝉蛛（雄蛛）

图 249　多色类金蝉蛛（雌蛛）

图 250　多色类金蝉蛛（雄蛛）

132. 多色类金蝉蛛 *Phintelloides versicolor* (C. L. Koch, 1846)

【鉴别特征】雌蛛体长 5～6 mm，背甲白色，被白色细绒毛，边缘有黑色细边；前中眼黄棕色；腹部背面灰黄色，散生不规则褐色斑；步足白色细绒毛，各节具淡灰色环纹。雄蛛体长 4～5.5 mm，背甲黑色，边缘黄白色弧形纹；眼域黑褐色，前中眼后缘之间及后中眼后侧缘均被白色鳞状毛簇；腹部背面灰黄色，正中纵带褐色。步足黑色，背面具多根长刺。

【习　　性】本种多见于竹叶和女贞树叶片之间，游猎捕食。

【地理分布】江西（武夷山、赣州峰山），福建，浙江，湖南，湖北，广西，四川，贵州，甘肃；巴基斯坦，印度，缅甸，泰国，朝鲜，日本，印度尼西亚。

133. 盘触拟蝇虎 *Plexippoides discifer* (Schenkel, 1953)

【鉴别特征】雌蛛体长 9～10 mm，背甲黄褐色，背甲边缘黑褐色；眼域黑褐色，侧纵带赤褐色，正中带黄褐色；腹部长卵圆形，正中条斑黄褐色，边缘锯齿状，侧纵带褐色较宽，腹面黄褐色。雄蛛体长 6～8 mm，背甲深褐色，胸部有1 条较宽正条纹白色斑，侧缘带黄褐色，密被白色鳞状毛；眼域黑褐色；腹部卵圆形，背面黄褐色，有 2 条褐色纵带，隐约可见淡褐色正中线；腹面黄褐色，正中带褐色，较宽，两侧有数条黑褐色线纹；步足黄褐色，各节相关连处有褐色环纹。

【习　　性】主要栖息于灌木丛或草丛叶片之间，游猎捕食。

【地理分布】江西（武夷山），湖南，浙江，山西，河北，山东，北京。

图 251　盘触拟蝇虎（雄蛛）

134. 黄岗山拟蝇虎 *Plexippoides huangganshanensis* sp. nov.

【鉴别特征】雄蛛体长 4～5 mm，背甲黄褐色，两侧外边黄褐色；胸部中间及两侧具淡黄色细毛；眼域第一排眼背面被淡黄色细毛；腹部背面淡褐色，两侧被白色细毛，中间被白色条纹到纺器；步足淡黄色，散布白色细毛。

【习　　性】主要栖息于落叶层，游猎捕食。

【地理分布】江西（武夷山）。

图 252　黄岗山拟蝇虎（雄蛛）

135. 黑色蝇虎 *Plexippus paykulli* (Audouin, 1826)

【鉴别特征】雌蛛体长 8~13 mm，背甲黄褐色，眼域黑褐色；眼域后方两侧各有 1 条褐色纵带；腹部卵圆形，背面淡黄褐色底，侧纵带黑褐色，正中带后端有几条弧形横斑及 1~2 对突出至 2 条侧纵带的灰白斑。雄蛛体长 7~10 mm，背甲正中带在眼域部分为淡天蓝色，其上被灰白色细毛，从前中、侧眼后方开始向后左右各有 1 条黑色纵带止于背甲后缘前方；腹部背面正中带后端也有几条弧形横带，以及 1~2 对突出至 2 条侧纵带的灰白斑。

【习　　性】主要栖息于居民区周边或室内，跳跃性强，以捕食蝇类而得名，常躲于树皮或墙缝内结网袋。

【地理分布】江西（武夷山、赣州），福建，广东，浙江，江苏，安徽，湖南，湖北，四川，云南，贵州，台湾，西藏，广西，陕西，山西，河北，河南，山东；世界区域分布。

图 253　黑色蝇虎（雌蛛）

图 254　黑色蝇虎（雄蛛）

136. 条纹蝇虎 *Plexippus setipes* Karsch, 1879

【鉴别特征】雌蛛体长 6～8 mm，背甲棕褐色，头区颜色较深；腹部背面淡棕褐色，后半部两侧中间具深褐色条纹，具齿状纹；步足深褐色，背面具白色细毛。雄蛛体长 5.5～6 mm，背甲淡橘黄色，眼域黑色，胸部正中带淡橘黄色，侧纵带蓝黑色，始于眼域后方；腹部背面正中带黄白色，前端略带橘色，后半隐约可见横向弧形斑；步足深褐色，背面散布白色细毛，各步足后跗节和跗节颜色较浅。

【习　　性】主要栖息于墙壁、树皮或居民区周边，游猎捕食，其适应性较强。

【地理分布】江西（武夷山、赣州峰山），福建，广东，广西，浙江，江苏，上海，安徽，湖南，湖北，四川，陕西，山西，河南，河北，甘肃，山东，云南；土库曼斯坦，朝鲜，泰国，越南，日本。

图 255　条纹蝇虎（雌蛛）

图 256　条纹蝇虎（雄蛛）

137. 昆孔蛛 *Portia quei* Zabka, 1985

【鉴别特征】雌蛛体长 6～7 mm，背甲黄棕色，头部隆起，后侧眼处最高，眼域黄褐色，前中眼周围褐色，其余各眼周围黑色；背甲之其余部分褐色，被黄褐色、灰白色细毛；腹部背面灰黑褐色，密被灰褐色毛；腹部背面之前、中、后部共有 5 个黄褐色圆斑，后 2 个斑被黄褐色毛簇，有的个体 5 个斑均被毛簇，此毛易脱落；腹面黑褐色，有 2 条肌痕形成的纵纹；步足暗褐色，端部 2 节色淡；足密被灰白色、灰褐色毛，在膝节、胫节腹面的毛排列成刷状；第Ⅰ、第Ⅱ步足的毛最发达。雄蛛体长 5.5～6.5 mm，背甲褐色，眼域黄褐色，头胸部高且隆起，被稀疏黄褐色毛，前中眼周围褐色，其余各眼周围黑褐色；背甲腹侧缘密被白色鳞状毛，形成 2 条侧缘毛带，胸部也有 1 条同样正中带；腹部背面黄褐色，密被褐色毛，腹部背面之前、中、后部共有 5 个白色毛斑；腹面正中带褐色，两侧褐色，密被褐色、灰白色毛；步足细长，除端部 2 节黄褐色外，其余各节褐色，密被褐色、灰褐色毛，尤其在膝节、胫节腹面灰褐色毛排列呈刷状。

【习　　性】本属是跳蛛科中为数不多会结网的蜘蛛，常捕猎结网型蜘蛛为食；主要栖息于岩崖、石块、枯树叶之间，具备伪装性。

【地理分布】江西（武夷山、赣州峰山），广西，浙江，湖南，湖北，云南，贵州，四川；越南。

图 257　昆孔蛛（雌蛛）　　　　　　　　　　　图 258　昆孔蛛（雄蛛）

138. 扎氏拟伊蛛 *Pseudicius zabkai* Song & Zhu, 2001

【鉴别特征】雌蛛体长 4.5～5 mm，背甲棕褐色，其外边缘为淡黄色细条纹，胸部背面有 1 条横向淡黄色纹；眼域前段被淡黄色长细毛；触肢具白色细长毛；腹部背面被淡黄色细毛；纺器背面具淡黄色细纹；肛丘背面有明显的白色毛；步足黄棕色，背面被白色细毛。雄蛛体长 4～5 mm，背甲黑色，眼域颜色略深；眼域及胸部两侧散布有白色细毛；腹部卵圆形；背面暗黄褐色，前半部的周缘白色，中、后部有 4 条白色横斑，略呈"人"字形；第 I 步足粗大，腿节黑色，其他各节呈暗黄褐色；第 II～第 IV 步足呈浅黄褐色；第 I 步足胫节腹面前侧有 4 根刺，后侧面有 1 根刺，后跗节有 2 对腹刺；各腿节的背面有 3 根刺。

【习　　性】主要栖息于树皮之间，游猎捕食。

【地理分布】江西（武夷山、赣州通天岩），湖南，河北。

图 259　扎氏拟伊蛛（雌蛛）　　　　图 260　扎氏拟伊蛛（雄蛛）

139. 毛垛兜跳蛛 *Ptocasius strupifer* Simon, 1901

【鉴别特征】雌蛛体长5～7 mm，背甲深褐色；腹部长卵圆形，背面灰褐色底，有2条黄白条横带，腹部末端有1个同色圆斑，密被白色细毛；雌蛛体型、斑纹均与雄蛛相似；步足之基节、转节褐色，腿节暗褐色，其余各节黄褐色，步足密被灰褐色细毛及褐色刺。雄蛛体长5～6.5 mm，背甲深褐色，头胸部高且微隆起；中窝附近及背甲侧缘匀被灰白色毛丛；步足之基节、转节褐色；第Ⅰ、第Ⅱ步足暗褐色；第Ⅲ、第Ⅳ步足腿节暗褐色，膝节、胫节黄褐色横带，末端有1个黄白色圆斑，被灰白色毛；腹部背面被白色、淡褐色细毛，有的个体腹部背面正中有1条反光的纵带，两侧色较暗。

【习　　性】主要栖息于灌木丛或草丛之间活动，游猎捕食。

【地理分布】江西（武夷山、齐云山），福建，湖南，浙江，云南，广西，香港，台湾；越南。

图 261　毛垛兜跳蛛（雌蛛）

图 262　毛垛兜跳蛛（雄蛛）

140. 黄宽胸蝇虎 *Rhene flavigera* (C. L. Koch, 1846)

【鉴别特征】雌蛛体长 5～6 mm，背甲深褐色，被黄白色细毛，两侧具细长毛；腹部背面灰褐色，肌斑 3 对，赤褐色，后端有 3 条白色斜纹；第Ⅰ步足颜色最深，且粗壮而长，胫节背面前侧有刺 2 根，后侧具刺 1 根，后跗节腹面有刺 2 对；第Ⅱ步足胫节腹面前侧有刺 3～4 根，后跗节腹面有刺 2～3 根。雄蛛体长 4～5 mm，背甲灰黑色，两侧及头部前端被黄白色细毛，前侧眼两侧细毛较长；腹部背面被灰黑色细毛，前端两侧被黄白色细毛；肌斑明显；第Ⅰ步足粗壮，深黑色，被黑色长细毛及长刺，腿节背面具一小块淡黄色环纹；其他步足棕褐色，散布白色环纹。

【习　　性】主要栖息于灌木丛和草丛的叶片之间，游猎捕食。

【地理分布】江西（武夷山、于都），福建，浙江，广西，云南，湖南；巴基斯坦，印度，马来西亚，越南到苏门答腊岛。

图 263　黄宽胸蝇虎（雌蛛）

图 264　黄宽胸蝇虎（雄蛛）

141. 蓝翠蛛 *Siler cupreus* Simon, 1889

图 265　蓝翠蛛（雌蛛）

【鉴别特征】雌蛛体长 4~5 mm，背甲灰褐色，边缘向背面翘起；颚叶、下唇灰黄褐色；腹部背面光彩夺目，体的中、后段各有 1 条蓝色闪光横带；腹部背面翠绿色，有金属闪光；步足深褐色。雄体长 3.5~4.5 mm，背甲暗褐色，被蓝灰色细毛，外缘有黑色细边；胸部背面两侧具赤红色条状纹，边缘被浅蓝色细毛；腹部背面光彩夺目，体的中、后段各有 1 条蓝色闪光横带；第 I 步足粗壮，黑褐色，膝节、后跗节和跗节背面被白色细毛；第 II ~ 第 IV 步足棕褐色，背面被黄白色细毛，具多根长刺。

【习　　性】主要栖息于竹林或树皮上，冬天会在一起结网袋，以亚成体越冬。

【地理分布】江西（武夷山、赣州峰山、于都、齐云山），福建，浙江，江苏，四川，湖南，湖北，贵州，陕西，山西，山东，台湾；尼泊尔，朝鲜，日本。

图 266　蓝翠蛛（雄蛛）

142. 普氏散蛛 *Spartaeus platnicki* Song, Chen & Gong, 1991

【鉴别特征】雌蛛体长 7.5～8.5 mm，背甲褐色，胸部两侧灰黑色；眼域前端及额前具黑色长毛；中窝纵向；腹面长卵形，灰黑色，腹部后半部两侧具 2 条浅色纵带；步足褐色，各节末段具灰黑色环纹。雄蛛体长 6.5～7 mm，背甲颜色及斑纹同雌蛛，但其表面具黑色金属光泽；步足较雌蛛长，其白色斑纹较雌蛛多。

【习　　性】主要栖息于岩壁或斜坡干燥的地方，游猎捕食，在喀斯特洞穴生态系统中有光带是其主要的栖息环境，洞穴中的常见种类。

【地理分布】江西（武夷山、赣州峰山），湖南，贵州。

图 267　普氏散蛛（雌蛛）

图 268　普氏散蛛（雄蛛）

图 269　多彩纽蛛（雌蛛）

143. 多彩纽蛛 *Telamonia festiva* Thorell, 1887

【鉴别特征】雌蛛体长 8～10 mm，背甲黄色，有黑色细边；眼域被白色和黄色细毛，8 眼黑色；眼域前端被白色长细毛；腹部细长，背面灰黄色，有黑褐色斑纹；腹面黄褐色，正中带楔形，黑褐色，两侧有黑褐色线纹；步足淡黄色，密被褐色刚毛和刺。雄蛛体长 6～7 mm，背甲深褐色，被白色鳞状毛，其腹缘上方有暗褐色环带，上被褐色毛。眼域暗黄褐色；胸甲、颚叶、下唇皆暗褐色；腹部圆柱形，腹部背面暗褐色，中间为凌锥状，两侧切型淡黄色纹；第 Ⅰ、第 Ⅱ 步足深褐色，第 Ⅲ、第 Ⅳ 步足褐色，背面具多根长刺及细毛。

【习　　性】主要栖息于灌木丛，游猎捕食。

【地理分布】江西（武夷山、信丰油山），台湾，海南，广西，云南；尼泊尔，印度，缅甸，越南，马来西亚，新加坡，印度尼西亚。

图 270　多彩纽蛛（雄蛛）

144. 弗氏纽蛛 *Telamonia vlijmi* Prószyński, 1984

【鉴别特征】雌蛛体长 9～12 mm，背甲淡黄色；眼域被黄白色
　　　　　　细毛，中央有红褐色斑；腹部长卵圆形，背面淡
　　　　　　黄色底，2 条中央纵带前 1/3 橘红色，后 2/3 段为
　　　　　　黑褐色，仍有橘红色边缘；腹部背面两侧缘具黑
　　　　　　色或橘红色纵条纹；步足主要深黄色，背面具多
　　　　　　根长刺及细长毛。雄蛛体长 8～10 mm，背甲卵圆
　　　　　　形，沿其边缘有较宽的黄褐色环带；眼域红褐色，
　　　　　　中央为黑褐色斑，后侧眼前端为黄褐色斑，背甲
　　　　　　其余部分棕褐色；腹部细长，其背面有 2 条黑褐色
　　　　　　纵带，心斑明显；腹面有 1 条楔形黑褐色正中带；
　　　　　　腹两侧有相互平行的黑褐色线纹似木纹；第 I ～第
　　　　　　III 步足仅远端 2 节橘黄色，其余各节褐色或黑褐
　　　　　　色，膝节腹面密被呈刷状排列的褐色毛；第 IV 步
　　　　　　足色浅，淡褐色或黄褐色，远端 2 节橘黄色。

图 271　弗氏纽蛛（雌蛛）

【习　　性】主要栖息于芦苇或草丛之间，游猎捕食。

【地理分布】江西（武夷山、上犹），福建，浙江，广西，安徽，
　　　　　　湖南，贵州；朝鲜，日本。

图 272　弗氏纽蛛（雄蛛）

145. 细齿方胸蛛 *Thiania suboppressa* Strand, 1907

【鉴别特征】雌蛛体长 7~8 mm，背甲黄褐色，眼域黑色；第 I 步足基节、转节褐色，其余各节暗褐色，密被褐色毛、刺；第 II 步足膝节、胫节、腿节红褐色；第 III 步足腿节红褐色，膝节、胫节黄褐色，后跗节、跗节橘黄色；第 IV 步足橘黄色，仅腿节端部有褐色斑；腹部背面正中棕褐色，腹前端有 1 条灰白色鳞状毛形成的弧形带；腹面黄褐色，纺器黑褐色。雄蛛体长 6~7 mm，头胸部宽而扁平，背甲黑色，被有稀疏白色鳞状毛；眼域前端被白色鳞毛；第 II~第 IV 步足的跗节为橘黄色，其余各节黑色；步足背面被白色鳞状毛；腹部细长，腹部背面黑色，前端、后端各有 2 条灰白色鳞状毛形成的弧形纵带。

【习　　性】主要栖息于低矮灌木的叶片之间，游猎捕食，会把叶片用丝卷起或在叶片之间结丝袋。

【地理分布】江西（武夷山、信丰金盆山、齐云山、于都），广东，福建，湖南，台湾；日本，越南，夏威夷。

图 273 细齿方胸蛛（雌蛛）　　　　　　　　图 274 细齿方胸蛛（雄蛛）

图 275　东方莎茵蛛（雌蛛）

146. 东方莎茵蛛 *Thyene orientalis* Zabka, 1985

【鉴别特征】雌蛛体长 4.5～6 mm，背甲黄褐色，中间、两侧被白色条纹细毛；眼域各眼为黑色，各眼周边被长细毛；腹部背面黄褐色，散布斑块状白色细毛，两侧为条纹状白色细毛；步足黄褐色，被白色环纹，背面具多根细长毛。雄蛛体长 4～5 mm，背甲中间区域被白色细毛，眼域大部分和胸区两侧为深褐色；腹部长卵形，背面深褐色，正中被白色细绒毛，锥形；步足深褐色，背面具多根长刺，各节末端被白色环纹。

【习　　性】主要栖息于灌木丛或草丛或芦苇叶片之间，游猎捕食，常躲于叶片背面结网袋。

【地理分布】江西（武夷山、寻乌、崇义），湖南；越南，日本。

图 276　东方莎茵蛛（雄蛛）

147. 球蚁蛛 *Toxeus globosus* (Wanless, 1978)

【鉴别特征】雌蛛体长 6～8 mm，背甲灰黑色，被细绒毛，头区和胸区明显分界；前中眼最大；腹部近球形，腹柄连接头胸部；腹部背面灰黑色被细毛；各步足的腿节、膝节和胫节为灰黑色，后跗节和跗节为白灰色。雄蛛体长 6～7 mm，螯肢粗大，明显大于雌蛛；步足较雌蛛明显长，步足各节前端为灰白色；其他特征与雌蛛类似。

【习　　性】主要栖息于低矮灌木和农田边的矮竹子等处，游猎捕食，在叶片之间结网巢，每年的 4—6 月为交配季节，7—8 月为雌蛛繁殖季节，本种蜘蛛的雌蛛具有哺乳幼蛛的行为，一般会哺乳幼蛛到 3～4 mm 大小。

【地理分布】江西（武夷山、上犹、于都、齐云山），湖南，云南；安哥拉，扎伊尔，越南。

图 277　球蚁蛛（雌蛛）

图 278　球蚁蛛（雄蛛）

三十、花皮蛛科 Scytodidae Blackwall, 1864

花皮蛛体型小型至中型，体长 4～10mm；6 眼 分 3 组；背甲卵圆形，具斑纹；头区低，胸区高，呈圆顶状；无中窝；螯肢基部愈合，螯牙短；步足细长，末端具 3 爪；腹部球形，舌状体大；无筛器。花皮蛛主要栖息于居民区的房屋内，野外的落叶层、灌木叶片下，天然洞穴石块下或落叶层。英文名：Spitting spiders。

本科全世界共记录 4 属 240 种，其中我国记录 3 属 21 种，武夷山国家公园江西片区记录 2 属 2 种。

148. 条纹代提蛛 *Dictis striatipes* L. Koch, 1872

【鉴别特征】雌蛛体长 5～6 mm，背甲淡黄色，中间为纵向黑色条纹，环头胸边缘为黑色条纹；眼 6 个，2 眼具一起分 3 组；腹部背面淡黄色，具多条纵向或长或短的黑色条纹；步足细长，淡黄色，各节具黑色环纹。

【习　　性】主要栖息于灌木丛叶片背面，冬天若蛛常躲于落叶层或树皮内越冬。

【地理分布】江西（武夷山、齐云山），浙江，安徽，河北，北京，天津，湖南，海南，台湾；澳大利亚。

图 279
图 280

图 279　条纹代提蛛（雌蛛 - 卵袋）
图 280　条纹代提蛛（雌蛛 - 卵袋）

149. 黄昏花皮蛛 *Scytodes thoracica* (Latreille, 1802)

【鉴别特征】雌蛛体长5～7 mm，背甲中凸，淡黄褐色，具两条侧斑，侧斑之外为不连续的亚侧缘斑；眼域6眼，两个一丘，"品"字形排列；腹部背面淡黄褐色，两侧稍带灰黄褐色；步足淡黄褐色，各节末端具深褐色环纹。雄蛛体长4～6 mm，各步足较雌蛛长，体色较雌蛛深一些，其他特征和雌蛛近似。

【习　　性】主要栖息于枯落叶的叶子之间，或在人居区无人干扰的墙缝或石块下面结不规则丝网，夜间躲于洞口捕食猎物。

【地理分布】江西（武夷山、寻乌、于都、齐云山），台湾，浙江，江苏，安徽，四川，山西，河北，山东，辽宁；全北区，太平洋岛屿。

图281　黄昏花皮蛛（雌蛛）

图282　黄昏花皮蛛（雄蛛）

三十一、类石蛛科 Segestriidae Simon, 1893

类石蛛体型小型至中型，体长5～17 mm；6眼2列（2-4排列），前中眼消失，前后侧眼靠近；无筛器；胸板和背甲之间有膜或几丁质板相连；步足多刺，无听毛，末端具3爪。类石蛛主要栖息于干燥的环境中，树皮、岩缝、石板下，做管状丝巢，丝巢较厚，透气耐旱，夜间趴于洞口捕食，白天躲于巢内。英文名：Tubeweb spiders。

本科全世界共记录5属179种，其中我国记录2属10种，武夷山国家公园江西片区记录2属2种。

150. 敏捷垣蛛 *Ariadna elaphra* Wang, 1993

【鉴别特征】雌蛛体长12～14 mm，背甲黑褐色，边缘微凹；眼域被短细毛，6眼2列；腹部椭圆形，黄褐色，无纹斑，被较长褐色长毛，后端较多；第Ⅰ、第Ⅱ步足深褐色，背面被密细毛；第Ⅲ、第Ⅳ步足腿节黑褐色，其他各节为黄褐色。雄蛛体长9～10 mm，背甲黑褐色；腹部背面被密细毛；其他特征与雌蛛类似。

【习　　性】主要栖息于岩壁石缝或干燥树皮缝隙之间，结长圆柱形网袋，网袋层次较厚，具有防御其他天敌及抵御寒冷天气的作用。

【地理分布】江西（武夷山），福建，湖南。

图 283 ｜ 图 283　敏捷垣蛛（雌蛛）
图 284 ｜ 图 284　敏捷垣蛛（雄蛛）

图 285　武夷类石蛛（雌蛛）

151. 武夷类石蛛 *Segestria wuyi* sp. nov.

【鉴别特征】雌蛛体长 5～6mm，背甲黄褐色；眼域被细毛，6 眼 2 列；腹部椭圆形，深褐色，背面中间具浅黄色龟背斑纹，中间颜色较深；步足黄褐色，被浅黄色细毛。

【习　　性】主要栖息于树皮缝隙间，结网袋，夜间在洞口捕食猎物。

【地理分布】江西（武夷山）。

三十二、刺客蛛科 Sicariidae Keyserling, 1880

刺客蛛体型中型至大型，体长8~20 mm；6眼3组，每组2个；下唇和胸板愈合；步足细长，末端具3爪。刺客蛛主要栖息于干燥环境中，非常耐旱和耐饥饿，有些种类跟人类活动有直接关系，特别是微红平甲蛛跟人类活动、迁徙等有很大关系，本种蜘蛛在贵州某些人类居住过的洞穴内或洞外都有分布。英文名：Assassin spiders 或 Violin spiders。

本科全世界共记录3属172种，其中我国记录1属3种，武夷山国家公园江西片区记录1属1种，为我国或在江西省内广泛分布种类。

152. 微红平甲蛛 *Loxosceles rufescens* (Dufour, 1820)

【鉴别特征】雌蛛体长8~10 mm，背甲浅棕色，被密细毛；眼域细毛多，6眼3组；腹部卵圆形，黄棕色，被密细毛；步足细长，黄棕色，腿节颜色较深，其他各节颜色变浅。雄蛛体长7~9 mm，背甲浅棕色；中窝纵向，明显；颈沟明显；其他特征与雌蛛类似。

【习　　性】主要生活于人居区或以前有人为活动过的区域，适应干燥环境，耐干旱。

【地理分布】江西（武夷山、赣州通天岩、赣州峰山），湖南，台湾，浙江，江苏，安徽，四川；欧洲南部，非洲北部至伊朗，阿富汗，美国，墨西哥，秘鲁，马卡罗西尼亚，南非，印度，日本，朝鲜，老挝，泰国，澳大利亚，夏威夷。

图 286 ┤ 图 286　微红平甲蛛（雌蛛）
图 287 ┤ 图 287　微红平甲蛛（雄蛛）

三十三、遁蛛科 Sparassidae Bertkau, 1872

遁蛛又叫巨蟹蛛，体型中至特大型，体长5～40mm；8眼2列（4-4排列）；头胸部卵圆形，两边宽；螯肢粗壮，有侧结节；步足向两侧伸，后跗节和跗节腹面有毛丛，末端具2爪，爪下方有毛簇。遁蛛夜行游猎捕食，活动能力强，主要栖息于落叶层、树皮、灌木丛叶片上和洞穴岩壁上等较为干燥的环境中。英文名：Huntsman spiders 或 Giant crab spiders。

本科全世界共记录96属1456种，其中我国记录12属269种，武夷山国家公园江西片区记录2属2种。

153. 白额巨蟹蛛 *Heteropoda venatoria* (Linnaeus, 1767)

【鉴别特征】雌蛛体长26～35 mm，背甲黑褐色，表面被棕色细毛，额前和胸板下边缘各具一条浅黄色条纹；腹部背面被棕色细毛，中间被黑色和浅黄色斑点；腹部背面后方两侧具长细毛，深棕色；步足基节背面被浅黄色细毛，腿节被棕色细毛，背面具多根长刺，刺基本具浅黄色和黑色环纹；步足其他各节颜色较深。雄蛛体长15～20 mm，背甲黑褐色，中间一对碟状黑色斑；步足较雌蛛长；其他特征与雌蛛类似。

【习　　性】主要栖息于人居区室内或野外墙壁或落叶层之间，游猎捕食，活动性强。

【地理分布】江西（武夷山、赣州峰山、赣州通天岩、井冈山、齐云山），广东，台湾，西藏，浙江，安徽，湖南，湖北，云南，四川；亚洲热带地区，太平洋群岛，北美洲，中美洲，南美洲，马卡罗西尼亚，欧洲，非洲。

图 288　白额巨蟹蛛（雌蛛）

图 289　白额巨蟹蛛（雌蛛 - 卵袋）

图 290　白额巨蟹蛛（雄蛛）

154. 离塞蛛 *Thelcticopis severa* (L. Koch, 1875)

【鉴别特征】雌蛛体长 15～23 mm，背甲黑色，表面被绿棕色细毛；中窝纵向，放射沟不明显；螯肢黑色；腹部椭圆形，背面浅黑色，被绿棕色细毛，中间具多个"人"字纹；步足腿节深褐色，膝节、胫节和后跗节棕褐色，跗节黑色；步足背面被多根长刺。雄蛛体长 13～16 mm，背甲黑色，表面被绿棕色细毛；腹部背面浅黑色，被绿棕色细毛；步足各节黑色，被棕色细绒毛；步足背面被多根长刺；跗节腹面前端具毛丛。

【习　　性】主要栖息于灌木丛或芦苇叶片之间，游猎捕食，在两叶片之间结网袋，白天躲于网袋内，夜间活动捕食。

【地理分布】江西（武夷山、崇义阳明山、齐云山），广西，海南，香港，湖南，台湾，云南，浙江；朝鲜，日本，老挝。

图 291　离塞蛛（雌蛛）

图 292　离塞蛛（雄蛛）

三十四、肖蛸科 Tetragnathidae Menge, 1866

肖蛸体型小型至中型，体长3～25 mm；8眼2列（4-4排列），各眼之间间距较大，但间距相近，少数种类缺失前中眼；步足细长，第Ⅳ步足腿节侧面常有2列听毛；步足末端具3爪及1对副爪；纺器3对，具舌状；腹部呈球形、长筒形或卵圆形；书肺1对；纺器3对，前侧纺器和后侧纺器近等长。肖蛸属结网型蜘蛛，主要栖息于草丛、灌木、稻田、树冠层间及溪流、水潭、河岸间等地，结水平或大型斜形圆网或多边形网。英文名：Warter orb-weavers。

本科全世界共记录45属990种，其中我国记录19属142种，武夷山国家公园江西片区记录6属10种。

155. 宋氏双胜蛛 *Diphya songi* Wu & Yang, 2010

【鉴别特征】雌蛛体长3.5～4 mm，背甲深褐色；眼域黑色，和头部等宽；中窝较浅，放射沟不明显；腹部近圆形，背面褐色，前端具1条锚形白色纹，中间散布灰黑色圆斑；步足深褐色，第Ⅰ、第Ⅱ步足后跗节和跗节内侧具1排齿形刺。雄蛛体长3～3.5 mm，其他特征与雌蛛近似。

【习　　性】主要栖息于环境潮湿的树干或烂叶子之间，结小型圆网，平常躲于网中间捕食。

【地理分布】江西（武夷山、齐云山），云南。

图 293　宋氏双胜蛛（雌蛛）

图 294　肩斑银鳞蛛（雌蛛）

156. 肩斑银鳞蛛 *Leucauge blanda* (L. Koch, 1878)

【鉴别特征】雌蛛体长 7.5～12 mm，背甲橙黄色；颈沟较深；中窝在每侧为较深的坑；螯肢短粗，橙黄色；腹部长卵形，背面银白色；腹部背面肩部具 1 对圆形隆起，其上具一灰黑色斑块；腹部背面中央有 3 条在前、后端相连的黑褐色纵条纹；步足浅黄褐色，胫节、后跗节和跗节的末端具黑褐色环纹。雄蛛体长 5～7 mm，其个体较雌蛛小，背甲、螯肢等特征类似于雌蛛；肩部的黑斑及 3 条纵条纹与雌蛛不同。

【习　　性】主要栖息于潮湿的环境中，结大型水平或微倾斜的圆网，平常躲于网中间捕食猎物，危险时迅速躲于网的边缘或叶片背面。

【地理分布】江西（武夷山、赣州峰山、齐云山），浙江，安徽，山东，河南，湖北，湖南，广东，四川，贵州，云南，陕西，台湾；朝鲜，日本，俄罗斯。

157. 西里银鳞蛛 *Leucauge celebesiana* (Walckenaer, 1841)

【鉴别特征】雌蛛体长 8～15 mm，背甲浅黄褐色；放射沟不明显，中窝分布两侧较深；螯肢浅黄褐色；腹部长卵形，背面银白色，前端钝圆，后端稍窄；背面中央有 3 条合并的黑褐色纵条纹；步足黄褐色，各节末端黑褐色环纹；各步足上的粗刺和颜色深，明显。雄蛛体长 5～8 mm，其他特征与雌蛛近似。

【习　　性】主要栖息于环境潮湿的地方，在叶片之间或树枝间结大型水平或微倾斜的圆网。

【地理分布】江西（武夷山、赣州），福建，湖南，湖北，四川，贵州，云南，安徽，河南，浙江，山东，吉林，广西，海南，陕西，台湾，西藏；俄罗斯，印度，朝鲜，老挝，越南，印度尼西亚，巴布亚新几内亚，日本。

图 295　西里银鳞蛛（雄蛛）

图 296　西里银鳞蛛（雌蛛）

158. 方格银鳞蛛 *Leucauge tessellata* (Thorell, 1887)

【鉴别特征】雌蛛体长 8～10 mm，背甲黄褐色；中窝三角形，两侧各 1 个小坑；颈沟明显；腹部长卵形，银白色；肩部隆起；步足浅黑褐色，各腿节的前半部颜色变浅；各步足背面具多根长刺。雄蛛体长 4～6 mm，步足颜色较雌蛛深，其他特征与雌蛛近似。

【习　　性】主要栖息于阴暗的常绿阔叶林或竹林或低矮灌木的树枝之间，结平行或稍倾斜圆网。

【地理分布】江西（武夷山、赣州峰山），福建，湖北，海南，贵州，云南，台湾；印度，泰国，越南，老挝，印尼（摩鹿加群岛）。

图 297　方格银鳞蛛（雌蛛）

图 298　方格银鳞蛛（雄蛛）

159. 美丽麦蛛 *Menosira ornata* Chikuni, 1955

【鉴别特征】雌蛛体长 7.5～9 mm，背甲浅黄褐色，中央具一浅灰褐色纵条带；中窝为一纵向深坑；颈沟明显；眼域各眼基本具黑褐色眼斑；腹部卵圆形，背面土黄色，两侧散布许多银白色小斑点，中间具 3 块白色斑块，其周边为红色框边；步足浅黄褐色，背面具多根黑色长刺。雄蛛体长 5～6.5 mm，其特征与雌蛛近似。

【习　　性】主要栖息于灌木叶子较大的地方，白天躲于叶片背面，夜间在树叶背面或树枝之间结圆网捕食猎物。

【地理分布】江西（武夷山），湖南，湖北，贵州；朝鲜，日本，俄罗斯。

图 299　美丽麦蛛（雌蛛）

160. 黑背后蛛 *Meta nigridorsalis* Tanikawa, 1994

【鉴别特征】雌蛛体长 5.5～7 mm，背面浅褐色，中间和胸部两侧暗褐色；中窝为 1 个卵圆形横向窝；颈沟明显；腹部卵圆形，背面黑色，前方较浅，两侧边缘黄褐色；步足相对短粗，暗褐色，背面具少量长刺；步足腿节和胫节具黄褐色环纹。雄蛛体长 4～5 mm，体色明显较雌蛛浅；步足较雌蛛细长，颜色较浅；其他特征与雌蛛近似。

【习　　性】主要栖息于潮湿阴暗具较大空间的岩缝或石壁下面，结横向圆网，一般成虫越冬。

【地理分布】江西（武夷山、萍乡、齐云山），湖南，贵州；日本。

图 300　黑背后蛛（雌蛛）

图 301　黑背后蛛（雄蛛）

161. 镜斑后鳞蛛 *Metleucauge yunohamensis* (Bösenberg & Strand, 1906)

【鉴别特征】雌蛛体长 6~14 mm，背甲黄褐色，两侧边缘深褐色；中窝较深；颈沟和放射沟明显；腹部卵圆形，背面黄白色，中间具黑褐色叶状斑；步足黄褐色，各节末端具黑褐色环纹；步足各节背面具多根长刺。雄蛛体长 4~9 mm，步足较雌蛛细长，其他特征与雌蛛近似。

【习　　性】主要栖息于溪流岩石之间或树枝之间，结大型横向圆网。

【地理分布】江西（武夷山、齐云山、赣州峰山），河北，河南，山西，吉林，陕西，台湾，贵州，湖南；韩国，日本，俄罗斯。

图 302　镜斑后鳞蛛（雌蛛）

图 303　镜斑后鳞蛛（雄蛛）

162. 锥腹肖蛸 *Tetragnatha keyserlingi* Simon, 1890

【鉴别特征】雌蛛体长7~14 mm，背甲较窄长，以两侧缘的颈沟为界，之前为黄褐色，之后为浅褐色；颈沟褐色；中窝椭圆形，两侧各具1条褐色框边；腹部背面和两侧的上半部具银白色鳞纹；腹部中间向前逐渐变宽，向后侧逐渐变细；步足浅褐色，各节末端均为深褐色环纹。雄蛛体长4~10 mm，个别个体步足较雌蛛长，其他特征与雌蛛近似。

【习　　性】主要栖息于有水的环境中，低矮灌木丛、草丛、农田等，结大型圆网。

【地理分布】江西（武夷山、赣州），河北，河南，山西，辽宁，江苏，浙江，安徽，福建，山东，湖北，湖南，广东，广西，海南，四川，贵州，云南，西藏，陕西，新疆，台湾；中美洲，加勒比海，巴西，非洲，印度到菲律宾，新赫布里底群岛，波利尼西亚，朝鲜。

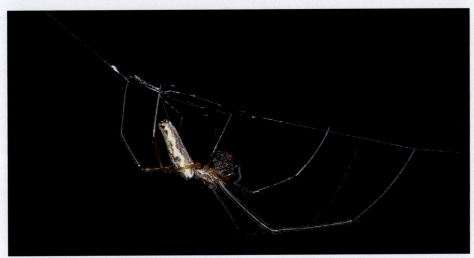

图304　锥腹肖蛸（雌蛛）

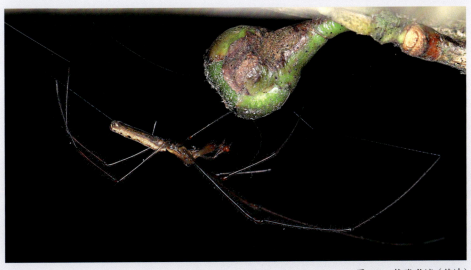

图305　锥腹肖蛸（雄蛛）

163. 华丽肖蛸 *Tetragnatha nitens* (Audouin, 1826)

图 306　华丽肖蛸（雌蛛）

【鉴别特征】雌蛛体长 8～15 mm，背甲黄褐色，两侧浅黑褐色，边缘有窄边；中窝较深；颈沟和放射沟明显；螯肢黄褐色，螯牙较长；腹部圆筒形，中间微隆起；腹部背面有 1 条浅黑褐色宽纵带，下半部浅黑褐色；步足黄褐色，腿节颜色较浅。雄蛛体长 7～10 mm，腹部中间不隆起，其他特征与雌蛛类似。

【习　　性】主要栖息于灌木丛、水草草丛之间、水稻田叶片之间，结横向圆网，雌蛛常把卵产于树干上，白色圆窝形。

【地理分布】江西（武夷山、赣州峰山），湖北，湖南，河北，河南，浙江，广东，广西，四川，贵州，云南，陕西，新疆，台湾；亚洲的热带和亚热带；传入美洲，马卡罗尼西亚，地中海，圣海伦娜，南非，马达加斯加，太平洋的新西兰。

图 307　华丽肖蛸（雄蛛）

图 308　鳞纹肖蛸（雌蛛）

164. 鳞纹肖蛸 *Tetragnatha squamata* Karsch, 1879

【鉴别特征】雌蛛体长 4～6 mm，背甲浅绿色；颈沟和放射沟明显；中窝卵圆形，纵向；螯肢短粗，淡绿色；腹部椭圆形；腹部背面艳绿色，被银白色鳞状斑；步足艳绿色，后跗节和跗节颜色变深。雄蛛体长 3～5 mm，腹部背面中间具艳丽色斑，较为明显；其他特征与雌蛛类似。

【习　　性】主要栖息于灌木丛叶片背面，结圆型网，雌蛛一般把卵袋产于叶片背面，卵袋上有小状突起。

【地理分布】江西（武夷山、赣州峰山、齐云山），福建，湖南，湖北，河北，河南，江苏，安徽，广东，广西，海南，四川，贵州，云南，陕西，台湾；朝鲜，日本，俄罗斯。

图 309　鳞纹肖蛸（雄蛛）

三十五、球蛛科 Theridiidae Sundevall, 1833

球蛛体型微型至中型，体长2～15mm；8眼2列（4-4排列），少数6眼或4眼或无眼；螯肢无侧结节，前齿堤1～2齿或3～4齿或无齿，后齿堤常无齿；通常无舌状体；步足末端具3爪，或仅在舌状体位置有2根刚毛；第Ⅳ步足跗节具锯齿状毛。球蛛适应性强，不同生境都有分布，结网的大小与其个体大小有关系，结不规则网，有些种类结钟巢型网或三角形网。英文名：Comb-foot spiders。

本科全世界共记录124属2544种，其中我国记录56属402种，武夷山国家公园江西片区记录20属33种。

165. 白银斑蛛 *Argyrodes bonadea* (Karsch, 1881)

【鉴别特征】雌蛛体长2～2.5 mm，背甲黑褐色，边缘灰褐色；8眼2列，前中眼最大，其他6眼等大；腹部后端向后突起，呈驼峰状；腹部背面银白色，中央有一条竹节型黑色纵条纹；步足灰褐色。雄蛛体长2～3 mm，背后黄褐色；前额向前突出，末端具毛丛；眼域的中眼向上突起；其他特征与雌蛛近似。

【习　　性】主要栖息于大型蜘蛛的网上面，捕食大型蜘蛛不能捕食到的小型昆虫。

【地理分布】江西（武夷山、赣州峰山），湖南，湖北，广西，福建，浙江，安徽，云南，四川，贵州，台湾；印度，朝鲜，日本，菲律宾。

图 310
图 311

图 310　白银斑蛛（雌蛛）
图 311　白银斑蛛（雄蛛）

166. 柱状银斑蛛 *Argyrodes cylindratus* Thorell, 1898

【鉴别特征】雌蛛体长 3～4 mm，背甲黑褐色；中窝圆形；腹部细长，圆筒状，后部两侧缢缩；腹部背面黑褐色，两侧具银白色鳞状斑纹，在后半部具茂密的长毛；步足细长，淡黄色，无斑纹。雄蛛体长 2.5～3 mm，个体比雌蛛较小，其他特征与雌蛛类似。

【习　　性】主要在灌木丛之间拉几根丝，悬挂在丝线上进行捕食，该种也常寄生于其他蜘蛛结的大型网上拉丝捕食那些大型蜘蛛吃不到的小型昆虫。

【地理分布】江西（武夷山、赣江源），浙江，安徽；缅甸到日本。

图 312　柱状银斑蛛（雌蛛）

图 313　柱状银斑蛛（雄蛛）

167. 裂额银斑蛛 *Argyrodes fissifrons* O. P.-Cambridge, 1869

【鉴别特征】雌蛛体长5~6 mm，背甲黄色；中窝较深；颈沟和反射沟黄褐色，明显；腹部后方向后上方突出，呈锥形；步足深褐色，各节具浅棕色环纹。雄蛛体长3~4 mm，腹部向后向上突起，呈圆柱状，其他特征与雌蛛类似。

【习　　性】主要在灌木丛树干之间结网，或寄生在大型结网型蜘蛛网的边缘位置，捕食其他昆虫。

【地理分布】江西（武夷山、赣江源），福建，湖南，云南，贵州，海南，台湾，香港；斯里兰卡到印度尼西亚，巴布亚新几内亚，澳大利亚。

图314　裂额银斑蛛（雌蛛）

图315　裂额银斑蛛（卵袋）

图316　裂额银斑蛛（雄蛛）

168. 武夷银斑蛛 *Argyrodes wuyiensis* sp. nov.

【鉴别特征】雌蛛体长 4～5 mm，背甲黄褐色；中窝和放射线明显；螯肢黄褐色；腹部长筒形，背面黄褐色，具银白色鳞状斑点，后端灰黑色；步足黄褐色，后跗节和后跗颜色加深。雄蛛未知。

【习　　性】主要栖息于灌木林树根 20～40cm 高度的树枝之间，结大型垂直型圆网，平常待在网中间。

【地理分布】江西（武夷山）。

图 317　武夷银斑蛛（雄蛛）

169. 圆筒蚓腹蛛 *Ariamnes cylindrogaster* Simon, 1889

【鉴别特征】雌蛛体长 20～40 mm，背甲黄褐色；中窝明显；腹部后端向后方延伸呈蚯蚓状；腹部背面和腹面黄褐色，侧面黄绿色或绿褐色；步足细长，棕褐色。雄蛛体长 15～20 mm，腹部较雌蛛短一些，其他特征与雌蛛近似。

【习　　性】主要在灌木林或竹林的叶片之间拉一个横丝，平常躲于丝线上，像一根细长状的枯树枝，不仔细看很难发现，雌蛛产卵时会结不规则皿网，在网中间产长形灯笼状卵袋。

【地理分布】江西（武夷山、赣州峰山、赣州通天岩），福建，浙江，湖南，湖北，四川，云南，贵州，河南，甘肃，海南，台湾；朝鲜，日本，老挝。

图 318　圆筒蚓腹蛛（雌蛛）

图 319　圆筒蚓腹蛛（雌蛛－卵袋）

图 320　圆筒蚓腹蛛（卵袋－若蛛）

图 321　圆筒蚓腹蛛（雄蛛）

170. 钟巢钟蛛 *Campanicola campanulata* (Chen, 1993)

【鉴别特征】雌蛛体长 2～3 mm，背甲黄褐色，倒心形，边缘深褐色；中窝近圆形，较浅；腹部球形，高大于长；腹部背面黑褐色，中间具横向白色纹；步足黄褐色，各节末端黑褐色环纹。雄蛛体长 2～2.5 mm，其特征与雌蛛近似。

【习　　性】主要栖息于岩石下面或斜坡有空隙处，常用丝把食物残渣或沙石粒等缠绕成圆维形钟罩，常躲于种罩内。

【地理分布】江西（武夷山、赣州峰山），福建，湖南，湖北，四川，河南，贵州，浙江。

图 322　钟巢钟蛛（雌蛛）

图 323　钟巢钟蛛（巢）

图 324　钟巢钟蛛（雄蛛）

171. 副多色千国蛛 *Chikunia subrapulum* (Zhu, 1998)

【鉴别特征】雌蛛体长 3～4 mm，背甲黑色，中间微高；腹部黑桃心状，后端略尖，背面 2 对肌斑；各步足淡黄色透明，腿节颜色略较深。雄蛛体长 2～3 mm，背甲灰黑色；腹部长椭圆形，灰黑色；步足较雌蛛长；其他特征与雌蛛类似。

【习　　性】主要栖息于灌木丛叶片背面，在树枝间结不规则皿网，雌蛛产卵后用丝进行包裹并用第Ⅳ步足末端的爪子钩着，放于腹部下方，卵袋内的卵发育后单个卵的大小与产卵后的雌蛛大小近似，雌蛛具护卵行为。

【地理分布】江西（武夷山），贵州，河南，湖北；日本。

图 325　副多色千国蛛（雌蛛－卵袋）　　　　　图 326　副多色千国蛛（雌蛛－若蛛）

图 327　副多色千国蛛（雄蛛）

172. 星斑丽蛛 *Chrysso scintillans* (Thorell, 1895)

【鉴别特征】雌蛛体长 3.5~6 mm，背甲浅黄褐色；中窝椭圆形，横向；颈沟明显；螯肢黄褐色；腹部长菱形，中段最宽，侧面观略呈三角形；腹部背面浅金色，有银色鳞状斑；步足浅黄色，各节末端具黑褐色环纹。雄蛛体长 3~4 mm，体色较雌蛛更深，步足颜色较雌蛛更浅一些，其他特征与雌蛛近似。

【习　　性】主要栖息于灌木丛的叶片背面，在叶片之间结上下相连的不规则皿网，平常躲于叶片背面，其体色与周围环境相似，不易被天敌发现。

【地理分布】江西（武夷山、齐云山），福建，浙江，湖南，湖北，云南，四川，贵州，海南，台湾；缅甸，菲律宾，朝鲜，日本，印度。

图 328　星斑丽蛛（雌蛛－卵袋）

图 329　星斑丽蛛（雄蛛）

173. 玻璃丽蛛 *Chrysso vitra* Zhu, 1998

【鉴别特征】雌蛛体长 2～3 mm，背甲淡灰褐色，放射线明显，颜色较深；腹部背面具
　　　　　　银白色鳞纹，腹部椭圆形；腹部背面 2 对心斑明显；各步足淡黄色透明。

【习　　　性】主要栖息于灌木丛的叶片背面，结不规则皿网，白天常躲于叶片背面，夜
　　　　　　间结丝捕食。

【地理分布】江西（武夷山），福建，贵州。

图 330　玻璃丽蛛（雌蛛）

174. 八斑鞘腹蛛 *Coleosoma octomaculatum* (Bösenberg & Strand, 1906)

【鉴别特征】雌蛛体长 2～2.5 mm，背甲浅黄色，中间具灰褐色宽条纹；眼丘黑色；腹部通明浅黄色，腹部背面具 4 对左右对称的黑斑；步足浅黄色，腿节较浅，各步足背面具多根长刺。

【习　　性】主要栖息于灌木丛较大叶片背面，结小型圆网，在叶片背面进行捕食、繁殖等行为习性。

【地理分布】江西（武夷山、寻乌），福建，广东，台湾，西藏，广西，福建，浙江，江苏，安徽，湖南，湖北，四川，陕西，山西，河南，河北，山东；朝鲜，日本，新西兰。

图 331 八斑鞘腹蛛（雌蛛）

图 332　亚洲格蛛（雌蛛）

175. 亚洲格蛛 *Coscinida asiatica* Zhu & Zhang, 1992

【鉴别特征】雌蛛体长 2～3 mm，背甲黄色；眼域略隆起，黑色；腹部卵圆形，背面黑褐色，中间有两条白色弧形纹；步足黄褐色。雄蛛体长 1.5～2 mm，体色较雌蛛深，其他特征与雌蛛近似。

【习　　性】主要栖息于落叶层或枯树树皮上，在叶片之间结小型圆网。

【地理分布】江西（武夷山、赣州通天岩、赣州峰山），福建，广西，湖南。

图 333　亚洲格蛛（雄蛛）

176. 塔圆腹蛛 *Dipoena turriceps* (Schenkel, 1936)

【鉴别特征】雌蛛体长 2～3 mm，背甲淡黄色，中间最高；颈沟淡黄褐色，放射沟不明显；中窝卵圆形，纵向较浅；腹部长卵形，后端略尖；腹部背面淡黄色，被白色细毛，中间具两对较长的棕色刚毛，前后端各有 1 对黑色斑点；步足淡黄色，背面多长刺。雄蛛体长 1.5～2 mm，背甲中部凹陷具背沟；头胸部呈圆柱形；其他特征与雌蛛近似。

【习　　性】主要栖息于灌木丛叶片或树枝之间，悬吊于一根丝线上，主要捕食小型蚂蚁。

【地理分布】江西（武夷山、信丰油山、赣州峰山），湖南，四川，云南，广西，海南；老挝。

图 334　塔圆腹蛛（雌蛛）

图 335　塔圆腹蛛（雄蛛）

图 336 塔赞埃蛛 (雌蛛)

177. 塔赞埃蛛 *Emertonella taczanowskii* (Keyserling, 1886)

【鉴别特征】雌蛛体长 3～3.5 mm，背甲黑褐色；头部隆起；眼域周边具多根细长毛；颈沟和放射沟暗黑色；腹部呈三角形，近端最宽；腹部背面两侧银白色，散布黑色斑点；腹部背面中间为圆尖形黑褐色斑；步足黑褐色，被白色细毛。雄蛛体长 2～2.5 mm，步足黄褐色，各节末端具黑色环纹；其他特征与雌蛛近似。

【习　　性】主要栖息于灌木丛或竹林的树枝上，夜间吊于丝线上捕食猎物，白天躲于叶片背面或树枝上。

【地理分布】江西 (武夷山、赣州峰山)，湖南，贵州，云南；印度，斯里兰卡，巴比亚新几内亚，琉球群岛，美国到阿根廷。

图 337 塔赞埃蛛 (雄蛛)

178. 近亲丘腹蛛 *Episinus affinis* Bösenberg & Strand, 1906

【鉴别特征】雌蛛体长 4～6 mm，背后土黄色，桃形；眼丘红褐色；腹部梨形，土黄色，散布白色斑块；腹部后端两侧微突；步足浅黄褐色，各节末端具褐色环纹或斑点。雄蛛体长 3～4 mm，颜色较雌蛛深，其他特征与雌蛛类似。

【习　　性】主要栖息于灌木丛的叶片背面，在叶片背面或树枝上结网，躲于上面，夜间拉一根丝在叶片之间游猎捕食。

【地理分布】江西（武夷山），四川，贵州，台湾；朝鲜，日本，俄罗斯，印度。

图 338　近亲丘腹蛛（雌蛛）

图 339　近亲丘腹蛛（雄蛛）

图 340　云斑丘腹蛛（雌蛛）

179. 云斑丘腹蛛 *Episinus nubilus*
Yaginuma, 1960

【鉴别特征】雌蛛体长 4～5 mm，背甲深褐色；中
窝纵向；眼域、眼丘黄褐色；腹部背
面具不规则黑褐色斑，前端较窄横切，
后端较宽，后端两侧向上突起，后端
黄褐色；第 I、第 IV 步足腿节、膝节
和胫节黑褐色；第 I 步足后跗节白色，
第 IV 步足后跗节黄褐色；第 II、第 III
步足较短，棕褐色。

【习　　性】主要栖息于灌木林或竹林低矮树枝或
落叶层叶片之间，会拉一根或多根丝，
在丝线上面捕食猎物。

【地理分布】江西（武夷山、赣州峰山、崇义阳明
山），福建，浙江，台湾，湖南，湖
北，河南，陕西，贵州；朝鲜，日本。

图 341　云斑丘腹蛛（雄蛛）

180. 后弯齿螯蛛 *Enoplognatha lordosa* Zhu & Song, 1992

【鉴别特征】雌蛛体长 5～6 mm，背甲黄褐色；颈沟和放射沟黄褐色；中窝圆形，较深；
螯肢粗壮，橘黄色；腹部卵圆形，密被黑色细毛；腹部背面灰褐色，具一
大型灰黑色叶状斑；步足黄褐色，各节具一深褐色环纹，被细长毛。雄蛛
体长 4.5～5.5 mm，体色较雌蛛深，其他特征与雌蛛类似。

【习　　性】主要在灌木丛叶片之间或栏杆缝隙之间结不规则网，夜间出来捕食。

【地理分布】江西（武夷山、崇义阳明山），湖南，湖北，贵州；日本。

图 342　后弯齿螯蛛（雌蛛）

图 343　后弯齿螯蛛（卵袋 - 若蛛）

图 344　后弯齿螯蛛（雄蛛）

181. 畸形鼓上蚤蛛 *Gushangzao pelorosus* (Zhu, 1998)

【鉴别特征】雌蛛体长 2～2.5 mm，背甲黄褐色；中窝椭圆形，不明显；颈沟和放射线灰褐色；腹部近乎圆形；腹部背面灰黑色，前半部具两排白色斑点，后半部中央具 3 对白色斑点；步足黄色，各节具黑褐色环纹。雄蛛体长 1.5～2 mm，体色比雌蛛深，其他特征与雌蛛近似。

【习　　性】主要栖息于苔藓或蕨类植物地脚线附近，结小型圆网。

【地理分布】江西（武夷山），陕西，湖南，云南。

图 345　畸形鼓上蚤蛛（雄蛛）

182. 携尾美蒂蛛 *Meotipa caudigera* (Yoshida, 1993) comb. nov.

【鉴别特征】雌蛛体长 3～4 mm，背甲淡黄褐色；中窝三角形；腹部背面银白色，散布
　　　　　淡黄色鳞纹，腹部后端向上突出；第Ⅳ步足腿节黑色，其他部分淡黄褐色；
　　　　　步足细长。雄蛛体长 2～2.5 mm，背甲深褐色；中窝明显；腹部背面黑褐色，
　　　　　腹部后端后上突出，拟尾；步足深绿色，各节末端具深褐色环纹。

【习　　性】主要栖息于灌木丛或草丛叶片背面，结小型不规则网。

【地理分布】江西（武夷山），贵州，甘肃，台湾。

图 346　携尾美蒂蛛（雌蛛）　　　　　　　　图 347　携尾美蒂蛛（雌蛛－卵袋）

图 348　携尾美蒂蛛（雄蛛）

183. 灵川美蒂蛛 *Meotipa lingchuanensis* (Zhu & Zhang, 1992) comb. nov.

【鉴别特征】雌蛛体长 4.5～6.5 mm，背甲淡黄色，中间淡红色纵条纹；腹部背面白色鳞纹，中间淡红色纵条纹；腹部后端向上翘起，散布玉毛状长刺；腹部腹面淡色通明色；步足细长，各步足腿节散布羽状长刺，淡黄色通明，胫节和后跗节末端具黑色环纹。雄蛛体长 2～3 mm，腹部末端不尖，其他特征与雌蛛近似。

【习　　性】主要栖息于桂花树的叶片背面，结不规则皿网。

【地理分布】江西（武夷山、赣州峰山、齐云山），广东，广西，云南，海南。

图 349　灵川美蒂蛛（雌蛛）

图 350　灵川美蒂蛛（雄蛛）

图 351 异角美蒂蛛（雌蛛）

图 352 异角美蒂蛛（雄蛛）

184. 异角美蒂蛛 *Meotipa variacorneus* (Chen, Peng & Zhao, 1992) comb. nov.

【鉴别特征】雌蛛体长 2~3 mm，背甲土灰色，被白色细毛；腹部背面亮白色，散布淡黄色小色斑；腹部中间两侧向外侧突出；步足土灰色，被多根长刺及细毛。雄蛛体长 1.5~2 mm，背面淡黄色，中间具 1 条灰黑色纵条纹；步足细长；其他特征与雌蛛类似。

【习　　性】主要栖息于灌木丛的叶片背面，在叶片背面结圆形网。

【地理分布】江西（武夷山），贵州。

图 353　日本姬蛛（雌蛛）

图 354　日本姬蛛（卵袋－若蛛）

图 355　日本姬蛛（雄蛛）

185. 日本姬蛛 *Nihonhimea japonica* (Bösenberg & Strand, 1906)

【鉴别特征】雌蛛体长 4～5 mm，背甲橙黄色；颈沟和放射线黄褐色；中窝呈 1 条菱形刻痕；腹部卵圆形，背面黄褐色，中央左右各有 1 个白色呈波浪纹的纵条斑；腹部腹面中间有 1 个黑色圆斑；步足腿节黄褐色，其他各节为棕褐色，其他各节末端具黑褐色环纹。雄蛛体长 1.5～3 mm，步足各腿节橙黄色，其余各节浅黑棕色，其他特征与雌蛛近似。

【习　　性】主要在灌木林的叶片或树杈之间结不规则皿网，在网的中间用枯叶片卷成长筒状，雌蛛在其中交配及产卵。

【地理分布】江西（武夷山、赣州峰山），湖南，广西，浙江，河南，四川，云南，贵州，海南，台湾；朝鲜，日本，老挝。

186. 亚洲拟肥腹蛛 *Parasteatoda asiatica* (Bösenberg & Strand, 1906)

【鉴别特征】雌蛛体长 2～3 mm，背甲橘
黄色；颈沟和放射沟黑色；
中窝椭圆形；腹部球形，背
面橘黄色，后半部具 3 个黑
色斑点；腹部腹面中间具 1
个黑色圆斑；步足黄色，各
节具黑褐色环纹。雄蛛体长
1.5～2 mm，体色较雌蛛深，
其他特征与雌蛛近似。

【习　　性】主要栖息于灌木丛或落叶层
的叶片之间，结不规则圆网。

【地理分布】江西（武夷山、赣州峰山）
湖南，贵州，湖北，河南，
辽宁，吉林，海南；朝鲜，
日本。

图 356　亚洲拟肥腹蛛（雌蛛）

图 357　亚洲拟肥腹蛛（雄蛛）

图 358 宋氏拟肥腹蛛（左上：雌蛛；右下：雄蛛）

187. 宋氏拟肥腹蛛 *Parasteatoda songi* (Zhu, 1998)

【鉴别特征】雌蛛体长 4～6 mm，背甲浅黄色或浅黄褐色；中窝半圆形；腹部背面呈球形，背面高高隆起；腹部背面中央黄褐色，两侧有白色和浅灰褐色斜条纹；步足浅黄色，具浅黄褐色环纹。雄蛛体长 2～4 mm，体色较雌蛛深，其他特征与雌蛛近似。

【习　　性】主要栖息于树杈之间或岩壁石缝之间，结不规则皿网，平常躲于网的中央，一碰到网，本种蜘蛛就会假死掉下地面。

【地理分布】江西（武夷山、崇义阳明山、赣州峰山），湖南，湖北，河南。

图 359 宋氏拟肥腹蛛（雄蛛）

图 360　温室拟肥腹蛛（雌蛛－卵袋）

188. 温室拟肥腹蛛 *Parasteatoda tepidariorum* (C. L. Koch, 1841)

【鉴别特征】雌蛛体长 6～15 mm，背后黑褐色或黄褐色；中窝圆形，中央具"V"形刻痕；腹部椭圆形，背面高度隆起；背面黑褐色或黄褐色，散布白色斑块；步足黑褐色或黄褐色，散布浅黄褐色环纹。雄蛛体长 4～6 mm，个体大小比雌蛛小很多，体色主要为黄褐色，其他特征与雌蛛类似。

【习　　性】主要栖息于岩壁或有屏蔽的石块等处，适应性极强，高海拔和低海拔等处都有发现其存在的地方。

【地理分布】江西（武夷山、赣州峰山、崇义阳明山、于都），台湾，广东，广西，福建，云南，浙江，上海，江苏，安徽，湖南，湖北，四川，贵州，西藏，青海，新疆，甘肃，河南，宁夏，陕西，山西，河北，北京，天津，山东，辽宁，吉林；世界性分布。

图 361　温室拟肥腹蛛（雄蛛）

189. 黄褐藻蛛 *Phycosoma mustelinum* (Simon, 1889)

【鉴别特征】雌蛛体长 3～4 mm，背甲黄色，边缘灰黑色；眼域黑色；腹部长卵形，背面灰黄色，中间两侧各具 1 条波纹状黑灰色纵条纹；步足黄褐色，各节具黑褐色环纹。雄蛛体长 2～3 mm，背甲黄色，中间凹陷，其他特征与雌蛛近似。

【习　　性】主要栖息于灌木丛或树木上，白天躲于隐蔽的地方，夜间吊一个丝线，在丝线上来回活动，主要捕食小型蚂蚁或白蚁。

【地理分布】江西（武夷山、赣州峰山、赣州通天岩），浙江，云南，辽宁，吉林，湖南；朝鲜，日本，俄罗斯，印度尼西亚。

图 362　黄褐藻蛛（雄蛛）

图 363　黄褐藻蛛（雌蛛）

图 364　黄褐藻蛛（亚雄蛛捕食）

190. 脉普克蛛 *Platnickina mneon* (Bösenberg & Strand, 1906)

【鉴别特征】雌蛛体长 3～4 mm，背甲浅黄色，边缘黑褐色，中间具 1 条黑褐色纵条纹；腹部球形，背面浅黄褐色，散布黑色斑点及少量黑色斑块；步足浅黄褐色，散布黑褐色环纹。雄蛛体长 2.5～3 mm，颜色较雌蛛深，其他特征与雌蛛类似。

【习　　性】主要栖息于居民区周边墙角处，结不规则网，平常躲于网里，夜间在网上或网的周边活动捕食小型昆虫。

【地理分布】江西（武夷山、赣州通天岩、赣州峰山），湖南，江苏，四川，云南；泛热带区。

图 365　脉普克蛛（雌蛛）

图 366　脉普克蛛（雄蛛）

图 367 胸斑普克蛛（雌蛛）

191. 胸斑普克蛛 *Platnickina sterninotata* (Bösenberg & Strand, 1906)

【鉴别特征】雌蛛体长 2.5～3.5 mm，背甲浅黄色，边缘黑褐色；中窝椭圆形；颈沟和放射沟黄褐色；腹部球形，背面中央具 1 条黑褐色纵条纹，其外侧黄色；腹部背面被细长毛，长毛基部黑色颗粒状；步足浅黄色，各节被黑褐色环纹。雄蛛体长 2～2.5 mm，步足比雌蛛细长，其他与雌蛛近似。

【习　　性】主要栖息于灌木的叶片背面或树枝树杈之间，结不规则名网，雌蛛产的卵袋一般与雌蛛大小近似。

【地理分布】江西（武夷山、赣州峰山、上犹），湖南，浙江，湖北，陕西，辽宁，云南，贵州；朝鲜，日本，俄罗斯。

图 368 胸斑普克蛛（雌蛛－卵袋）

图 369 剑额长鼻蛛（雌蛛）

192. 剑额长鼻蛛 *Rhinocosmetus xiphias* (Thorell, 1887)

【鉴别特征】雌蛛体长 2.5～3 mm，背甲黑褐色；腹部中间向上突出，高于背甲；腹面背面黄褐色，中间靠前具 1 个白色斑块和 1 个白色斑点；腹部两侧、中间及后侧具 3 对橘红色斑点；第 Ⅰ 步足特长，棕黑色；其他步足颜色浅褐色。雄蛛体长 2～2.5 mm，背甲黄棕色，腹部背面突起较雌蛛矮；前额向前突出，约为背甲的 1/2 长，背面具丝囊状毛；其他特征与雌蛛类似。

【习　　性】主要栖息于大型蜘蛛的网上，如目金蛛、摩鹿加云斑蛛等大型结网型蜘蛛，在这些蜘蛛的网上拉几条丝线吊于上面，捕食小型昆虫。

【地理分布】江西（武夷山、赣江源），湖南，海南，福建，台湾；缅甸，泰国，老挝，日本，印度尼西亚。

图 370 剑额长鼻蛛（雄蛛）

193. 唇形菱球蛛 *Rhomphaea labiata* (Zhu & Song, 1991)

【鉴别特征】雌蛛体长 6～10 mm，背甲黄褐色，中间横向凹陷；腹部后端向后方突出，呈羊角状突起，末端具 1 个尖突；腹部背面呈银白色，前端中央有 1 条黑褐色纵条纹；步足细长，浅黄褐色，有褐色环纹。雄蛛体长 4～5 mm，体表颜色较雌蛛更白，其他特征与雌蛛近似。

【习　　性】主要栖息于灌木丛叶片之间或寄生在大型蜘蛛网上，捕食小型昆虫。

【地理分布】江西（武夷山、赣江源、齐云山），广西，福建，湖南，贵州，云南；老挝，日本。

图 371　唇形菱球蛛（雌蛛）

图 372　唇形菱球蛛（雌蛛－卵袋）

图 373　唇形菱球蛛（雄蛛）

194. 半月肥腹蛛 *Steatoda cingulata* (Thorell, 1890)

图 374　半月肥腹蛛（雌蛛）

【鉴别特征】雌蛛体长 6～9 mm，背甲黑褐色；中窝较深，半圆形；颈沟及放射沟深，黑色；腹部卵圆形，背面黑褐色，密被黄色细毛，腹部前端具 1 个半月形黄色斑，中部有 2 对棕色肌斑；第Ⅰ、第Ⅱ步足黑色，腿节腹面有许多小颗粒突；第Ⅲ、第Ⅳ步足腿节中间黄褐色，其他部分为黑色。雄蛛体长 5～6 mm，步足主要是黄褐色，第Ⅰ步足腿节黑褐色，其他各节末端为黑褐色；其他特征与雌蛛近似。

【习　　性】主要栖息于落叶层、草丛间的石块或土块的洞穴内，在洞穴内或洞口处结不规则网，平常躲于洞穴内，夜间在洞口或丝网边缘捕猎。

【地理分布】江西（武夷山、赣州杨仙岭、赣州峰山、齐云山），湖南，台湾，广东，广西，浙江，安徽，四川，贵州，甘肃；印度，朝鲜，日本，越南，老挝，苏门答腊，爪哇。

图 375　半月肥腹蛛（雄蛛）

195. 日斯坦蛛 *Stemmops nipponicus* Yaginuma, 1969

【鉴别特征】雌蛛体长 2.5～3 mm，背甲黄褐色；眼域隆起；腹部卵圆形，背面黑色或黑褐色，密被黄褐色细毛；腹部背面中央两侧各 1～2 列白色斑点；步足棕褐色，腿节和胫节颜色较深。雄蛛体长 2～2.5 mm，一般个体较雌蛛小，其他特征与雌蛛近似。

【习　　性】主要栖息于落叶层，在枯叶背面结小型圆网，平常躲于网内。

【地理分布】江西（武夷山），云南，浙江，湖南，河北，河南；俄罗斯，朝鲜，日本。

图 376　日斯坦蛛（雌蛛）

图 377　日斯坦蛛（雄蛛）

图 378 四斑高蛛（雌蛛）

图 379 四斑高蛛（雄蛛）

196. 四斑高蛛 *Takayus quadrimaculatus* (Song & Kim, 1991)

【鉴别特征】雌蛛体长 3～4 mm，背后黄色或浅黄色，中间具黄褐色条纹；中窝纵向；放射沟不明显；腹部圆球状，宽扁；腹部背面黄褐色，背面中央有 1 条黄白色叶状纵带，并发散到两侧边缘，边缘白色；步足浅黄色，第Ⅰ、第Ⅱ步足胫节和后跗节末端具黑色环纹。雄蛛体长 2.5～3 mm，背甲黄色；体色较雌蛛更深，其他特征与雌蛛类似。

【习　　性】主要栖息于灌木丛的叶片背面，在叶片背面纺丝网垫，平常躲于网垫上，夜间在网周边结丝线进行捕食。

【地理分布】江西（武夷山、赣州峰山），浙江，湖南，湖北，陕西，辽宁；朝鲜。

197. 圆尾银板蛛 *Thwaitesia glabicauda* Zhu, 1998

【鉴别特征】雌蛛体长 4～5 mm，背甲浅黄色，中间有 1 条黄褐色纵条纹；中窝纵向；颈沟和放射线明显；腹部后端向后上方突出，圆形；腹部背面密布银白色鳞化纹，中间为黄褐色，两侧浅黄色；腹部背面中央两侧各 4 个黑色圆斑点；步足黄色，第 I、第 IV 步足的胫节和后跗节末端具黑褐色环纹。雄蛛体长 3～4 mm，腹部比雌蛛突出矮一些，其他特征与雌蛛类似。

【习　　性】主要栖息于灌木丛叶片背面，在叶片或树枝之间结上下栅栏状的网。

【地理分布】江西（武夷山），湖南，贵州，四川，海南。

图 380　圆尾银板蛛（雌蛛）

图 381　圆尾银板蛛（雄蛛）

三十六、蟹蛛科 Thomisidae Sundevall, 1833

蟹蛛体型小型至大型，体长 2～23 mm；8 眼 2 列（4-4 排列），通常有眼丘；无筛器；步足两侧伸展，第 I 步足和第 II 步足明显比第 III 步足和第 IV 步足长且粗壮；步足末端具 2 爪；有舌状体。蟹蛛主要栖息于草地、灌木、树冠层等多种生境，游猎捕食，捕食性强，多数种类具拟态行为。英文名：Crab spiders。

本科全世界共记录 171 属 2169 种，其中我国记录 4 属 284 种，武夷山国家公园江西片区记录 14 属 17 种。

198. 缘弓蟹蛛 *Alcimochthes limbatus* Simon, 1885

【鉴别特征】雌蛛体长 3～4 mm，背后红橙色；眼域橙黄色，后中眼黑色；背甲密布灰黑色细毛；腹部椭圆形，前窄后宽；腹部背面黄褐色，两侧边缘具白色条纹；腹部背面后端橘黄色；步足浅绿色，被灰色细毛。

【习　　性】主要栖息于灌木丛叶片之间，游猎捕食。

【地理分布】江西（武夷山），湖南，四川，浙江，海南，台湾，香港；日本，越南，新加坡，马来西亚。

图 382　缘弓蟹蛛（雌蛛）

199. 黑革蟹蛛 *Coriarachne melancholica* Simon, 1880

【鉴别特征】雌蛛体长 3.5~4 mm，背甲棕褐色，边缘黄褐色；头胸部扁平，长宽相等；颈沟明显；腹部近乎扁圆形，边缘有褶皱；腹部背面灰白色和棕褐色，凹凸不平，肌斑明显；步足棕褐色。雄蛛体长 3~3.5 mm，体色较雌蛛有更多白斑，步足后跗节和跗节上的刺比较多，其他特征与雌蛛近似。

【习　　性】主要栖息于大树的树皮内，在树皮之间游猎捕食，也把卵产于树皮里面。

【地理分布】江西（武夷山、赣州峰山），湖南，青海，北京，山东，内蒙古，河北，陕西，河南。

图 383　黑革蟹蛛（雌蛛）

图 384　黑革蟹蛛（雄蛛）

200. 陷狩蟹蛛 *Diaea subdola* O. P.-Cambridge, 1885

【鉴别特征】雌蛛体长6～8 mm，背甲淡黄色，边缘深黄色，被少量黑色细长毛；中窝不明显；腹部卵圆形，有长毛；腹部背面斑色不同，有黄色、米色等，后半部一般为2对较大黑斑；步足腿节、膝节和胫节淡黄色，后跗节和跗节浅褐色。雄蛛体长4～5 mm，体色较雌蛛深一些，其他特征与雌蛛近似。

【习　　性】主要栖息于草丛或灌木丛的花叶上，一般在花蕾上有些拟态色，捕食昆虫。

【地理分布】江西（武夷山、赣州峰山、鹰嘴岩），湖南，台湾，浙江，四川，河南，陕西，山西，河南，山东，贵州，海南；印度，巴基斯坦，印度，朝鲜，日本，俄罗斯。

图385　陷狩蟹蛛（雌蛛）

图386　陷狩蟹蛛（雄蛛）

图 387　三突伊氏蛛（雌蛛）

201. 三突伊氏蛛 *Ebrechtella tricuspidata* (Fabricius, 1775)

【鉴别特征】雌蛛体长 4.5～6 mm，背甲草绿色；眼域、眼丘乳白色；腹部梨形，前窄
后宽，背面黄白色或金黄色，偶尔有红棕色斑纹；步足草绿色，跗节颜色
变深；第Ⅰ、第Ⅱ步足后跗节和跗节具两排粗刺。雄蛛体长 2.5～4 mm，
背甲深绿色；腹部背面具黄白鳞状斑纹；步足深绿色，各节具深棕色环纹。

【习　　性】主要栖息于草丛或开花植物的花上，常以体色作为保护色，捕食采集花粉
或花蜜的昆虫。

【地理分布】江西（武夷山、赣州峰山），湖南，四川，台湾，福建，云南，贵州，河北，
北京，天津，黑龙江，吉林，辽宁，内蒙古，宁夏，甘肃，青海，新疆，
山西，陕西，河南，山东，江苏，浙江，安徽，海南；欧洲，土耳其，俄
罗斯，哈萨克斯坦，伊朗，朝鲜，日本。

图 388　赣伊斑蛛（雌蛛）

202. 赣伊斑蛛 *Ibana gan* Liu & Li, 2022

【鉴别特征】雌蛛体长 7～9 mm，背甲黄褐色，密被白色细毛；中窝明显；腹部梨形，背面亮绿色，中间为棕褐色宽齿状条纹，两侧边缘淡黄色；第Ⅰ、第Ⅱ步足最长，后跗节和跗节腹面具粗刺；第Ⅰ步足黄棕色；第Ⅱ步足腿节淡黄色，其他各节黄棕色。雄蛛体长 6.5～7 mm，腹部背面棕褐色条纹比雌蛛占比更大，其他特征与雌蛛近似。

【习　　性】主要栖息于灌木丛或草丛叶片之间，游猎捕食。

【地理分布】江西（武夷山、井冈山），湖北。

图 389　赣伊斑蛛（若蛛）

203. 膨胀微蟹蛛 *Lysiteles inflatus* Song & Chai, 1990

【鉴别特征】雌蛛体长 3～4 mm，背甲黄橙色，两侧中间有 2 条深褐色宽条纹；腹部背面中间两侧具橙色或黑色斑纹，其他部位为黄橙色；步足细长，背面具多根长刺。雄蛛体长 2.5～3 mm，背甲深褐色，光亮；中窝不明显；其他特征与雌蛛近似。

【习　　性】主要栖息于低矮灌木的叶片之间，游猎捕食，常在叶片背面用丝裹起形成圆筒形产卵的场所。

【地理分布】江西（武夷山），湖南，湖北，贵州，海南。

图 390　膨胀微蟹蛛（雌蛛）

图 391　膨胀微蟹蛛（雄蛛）

204. 尖莫蟹蛛 *Monaeses aciculus* (Simon, 1903)

【鉴别特征】雌蛛体长 7~8 mm，背甲黄褐色，中间具较宽黑褐色纵条纹；头部微隆起；螯肢内侧黑褐色，外侧黄褐色；腹部末端向外突起；腹部背面黄褐色，生黑色毛，边缘纵向褶皱；步足淡黄色，多刺；第 IV 步足腿节末端和膝节黑色。雄蛛体长 5~6 mm，背甲黑褐色；眼域侧眼眼丘橘黄色；腹部背面黑褐色，圆筒形；步足暗褐色。

【习　　性】主要栖息于灌木丛或草丛叶片之间，游猎捕食。

【地理分布】江西（武夷山、赣州通天岩、赣州峰山），福建，湖南，台湾；尼泊尔到日本，菲律宾。

图 392　尖莫蟹蛛（雌蛛）

图 393　尖莫蟹蛛（雄蛛）

图 394　尾莫蟹蛛（雌蛛）

205. 尾莫蟹蛛 *Monaeses caudatus* Tang & Song, 1988

【鉴别特征】雌蛛体长 9～10 mm，背甲黄褐色，被粗长毛，微隆起；中窝不明显；腹部特长，纺器后端骤然变细，具褶皱纹；腹部背面黄褐色，散布深褐色斑点，被细短毛；步足黄褐色，被多根短刺。

【习　　性】主要栖息于矮灌木或草丛的叶片或树枝上，游猎捕食。

【地理分布】江西（武夷山、赣州通天岩），浙江。

图 395　不丹绿蟹蛛（雌蛛）

206. 不丹绿蟹蛛 *Oxytate bhutanica* Ono, 2001

【鉴别特征】雌蛛体长 9~12 mm，背甲草绿色，边缘具微齿突，中间两侧具 2 个圆形黑点；眼域向前横突出；中窝不明显；腹部长条状，背面草绿色，被黑色短刺；步足草绿色，各足跗节末端浅棕色；步足散布短刺和多根长刺。雄蛛体长 6~8 mm，背甲浅橘黄色，边缘颜色加深；眼域前突；腹部背面浅橘黄色，两侧颜色变深，后端具分节形式；第 I、第 II 步足腿节前半部分橘黄色，后半部分颜色变浅；步足其他各节颜色为浅橘黄色；步足背面散布多根长刺，第 I、第 II 步足较多。

【习　　性】主要栖息于灌木丛叶片之间，游猎捕食，冬天常躲于树皮背面或落叶层叶片内。

【地理分布】江西（武夷山），云南；不丹。

图 396　不丹绿蟹蛛（雄蛛）

207. 钳绿蟹蛛 *Oxytate forcipata* Zhang & Yin, 1998

【鉴别特征】雌蛛体长 9～11 mm，背甲淡绿色；中窝和放射线不明显；眼域前、后侧眼具乳白色眼丘；腹部前宽后窄，背面淡绿色，散布绿色小斑块和黑色小斑点；步足淡绿色；第 I、第 II 步足后跗节和跗节内侧具多根长刺；第 IV 步足胫节、后跗节和跗节淡黄色。雄蛛体长 8～9 mm，背甲深绿色；前、后侧眼具乳白色眼丘，前后中眼较小；腹部前宽后窄，背面绿色，被多根长刺和细毛，后端纺器部位橘黄色；步足腿节前大部分深绿色，后小部分为橘黄色，膝节橘黄色；第 I、第 II 步足胫节浅绿色，后跗节和跗节浅橘色；步足各节具多根长刺。

图 397　钳绿蟹蛛（雌蛛）

【习　　性】主要栖息于灌木丛之间，游猎捕食。

【地理分布】江西（武夷山、赣州通天岩、赣州峰山），浙江。

图 398　钳绿蟹蛛（雄蛛）

208. 波状截腹蛛 *Pistius undulatus* Karsch, 1879

【鉴别特征】雌蛛体长 5～6 mm，背甲黄褐色，被小颗粒突起；眼域颜色变淡；腹部截形，背面中间后半部两侧突起，边缘被小颗粒突起；腹部背面前端边缘具缺刻状；第Ⅰ、第Ⅱ步足腿节深褐色，其他各节变淡，胫节、后跗节和跗节腹面具两排刺；第Ⅲ步足淡黄色；第Ⅳ步足腿节淡黄色，其他各节深褐色。

【习　　性】主要栖息树皮之间，游猎捕食。

【地理分布】江西（武夷山），浙江，陕西，山西，河南，河北，山东，内蒙古，辽宁，吉林，黑龙江；俄罗斯，朝鲜，日本，哈萨克斯坦。

图 399　波状截腹蛛（雌蛛）

209. 贵州耙蟹蛛 *Strigoplus guizhouensis* Song, 1990

【鉴别特征】雌蛛体长6～8 mm，背甲深褐色，边缘棕褐色；眼域前端具许多小突起，螯肢基部前侧具齿状刺突；腹部前端平窄、中间宽、后端细尖；腹部背面前部分深褐色，最宽处向后凹陷到纺器为棕色且有波纹；第Ⅰ、第Ⅱ步足深褐色，散布细刺；第Ⅲ步足腿节浅棕色，其他深褐色；第Ⅳ步足腿节浅棕色，膝节和胫节背面草绿色；步足背面具金属光泽。雄蛛体长4～5 mm，背甲深黑色，散布短刺；8眼具眼丘，眼丘为黄褐色；第Ⅰ、第Ⅱ步足深黑色，第Ⅲ、Ⅳ步足浅黄色；其他与雌蛛近似。

【习　　性】主要栖息于矮灌木层的叶片之间，游猎捕食，雌蛛产卵时用丝把叶片卷成三角粽子形，躲于其内部进行蜕皮或产卵。

【地理分布】江西（武夷山、赣江源、信丰金盆山），福建，贵州，云南，湖南，广西。

图400　贵州耙蟹蛛（雌蛛）

图401　贵州耙蟹蛛（雄蛛）

210. 带花叶蛛 *Synema zonatum* Tang & Song, 1988

【鉴别特征】雌蛛体长 8～9 mm，背甲中央橙色，两侧黑褐色，边缘黄褐色；眼域被白色细毛；腹部卵圆形，背面中间具银白色矛形斑，两侧橙色；腹部背面散布黑色细毛及黑色斑，两侧被白色细毛；步足黄褐色，腿节颜色较浅，散布白色细毛。

【习　　性】主要栖息于矮灌木丛叶片之间，游猎捕食，繁殖的雌蛛用丝把叶片裹成三角形粽子状，躲于其中产卵。

【地理分布】江西（武夷山、赣州峰山），湖南，河南。

图 402　带花叶蛛（雌蛛）

图 403　角红蟹蛛（雌蛛）

211. 角红蟹蛛 *Thomisus labefactus* Karsch, 1881

【鉴别特征】雌蛛体长 6～10 mm，背甲乳白色；眼域两侧向外突出，呈三角形，橘红色；腹部背面白色，肌斑 5 个，腹部后半部中间向两侧突起，两侧横向具深褐色斑块；步足乳白色，各节内侧具乳白色斑块。雄蛛体长 2～3 mm，背甲橘黄色，散布小疣点；腹部背面橘黄色；步足深褐色，第Ⅲ、第Ⅳ步足腿节橘黄色。

【习　　性】主要栖息于矮灌木丛或草丛的叶片之间，游猎捕食，也常躲在花朵内，通过体色进行隐蔽、捕猎。

【地理分布】江西（武夷山、信丰油山、赣州峰山），福建，海南，山东，台湾，云南，广东，浙江，湖北，湖南，安徽，四川，河南，山西，河北，甘肃，新疆，贵州；朝鲜，日本，泰国。

图 404　角红蟹蛛（雄蛛）

图 405　龙栖峭腹蛛（雌蛛－卵袋）

212. 龙栖峭腹蛛 *Tmarus longqicus* Song & Zhu, 1993

【鉴别特征】雌蛛体长 7～8 mm，背甲中间黄白色，两侧黄褐色，边缘颜色变淡；放射线黑褐色；螯肢基部棕褐色；触肢大部分黑色；腹部背面黄白色，前窄后宽；腹部背面中线两侧具 4 对横斑，侧面的条纹和斑点变浅；第Ⅰ、第Ⅱ步足腿节前大部分、膝节和胫节前大部分为黑褐色，其他部分为浅黄色或浅棕褐色，后跗节和跗节腹面具多根粗刺；第Ⅲ、第Ⅳ步足浅黄色。雄蛛体长 5～6 mm，体色较雌蛛变深，其他特征与雌蛛类似。

【习　　性】主要栖息于灌木丛或草丛之间，游猎捕食，用丝线把叶片卷成螺旋筒状，在里面产卵。

【地理分布】江西（武夷山），福建，海南。

图 406　龙栖峭腹蛛（雄蛛）

213. 鞍形花蟹蛛 *Xysticus ephippiatus* Simon, 1880

【鉴别特征】雌蛛体长5～7mm，背甲黄褐色，两侧具棕红色纵向宽条纹；眼域的眼丘周边红褐色；头区中间被1条纵向黑色长毛；腹部圆饼状，长略大于宽，后半部较宽；腹部背面黄褐色，边缘黄白色，散布灰褐色小斑点；步足棕褐色，散布小黑点及短刺；第Ⅰ、第Ⅱ步足后跗节和跗节腹面具两排粗刺。雄蛛体长4.5～5.5 mm，背甲黑褐色，中间具棕褐色"U"形纹；眼域周边红褐色，眼丘明显；腹部背面深褐色，前端边缘及中间后半部具2条波浪状白色纹；第Ⅰ、第Ⅱ步足的腿节和膝节黑色，背面散布短刺、胫节、后跗节和跗节淡黄色，腹面被多根长刺；第Ⅲ、第Ⅳ步足颜色变浅，散布黑色圆斑。

【习　　性】主要栖息于草丛或落叶层，游猎捕食。

【地理分布】江西（武夷山、赣州峰山），河北，河南，北京，天津，吉林，辽宁，内蒙古，甘肃，新疆，山西，陕西，山东，江苏，浙江，安徽，湖南，湖北，西藏；印度，尼泊尔，不丹，朝鲜，日本，越南。

图 407　鞍形花蟹蛛（雌蛛）

图 408　鞍形花蟹蛛（雌蛛-卵袋）

图 409　鞍形花蟹蛛（雄蛛）

214. 嵯峨花蟹蛛 *Xysticus saganus* Bösenberg & Strand, 1906

【鉴别特征】雌蛛体长5～7 mm，背甲黄棕色，两侧中间为暗褐色纵纹，边缘褐色；腹部背面米色，前端边缘白色；腹部背面后端具多条白色细纹；第Ⅰ、第Ⅱ步足腿节和膝节淡棕色并带黑色斑点，胫节、后跗节和跗节黄棕色，其腹面具多根粗长刺。雄蛛体长3.5～4.5 mm，体色比雌蛛深一些，其他特征与雌蛛近似。

【习　　性】主要栖息于高山草丛或低矮灌木丛叶片之间，游猎捕食。

【地理分布】江西（武夷山），四川，湖南，浙江，内蒙古；朝鲜，日本，俄罗斯。

图410　嵯峨花蟹蛛（雌蛛）

图411　嵯峨花蟹蛛（雄蛛）

三十七、隐石蛛科 Titanoecidae Lehtinen, 1967

隐石蛛体型小型至中型，体长 4～12 mm；8 眼 2 列（4-4 排列），后眼列宽于前眼列；螯肢前后齿堤具 2～3 齿；步足末端具 3 爪，第 IV 步足后蹠节具长的栉器；腹部卵圆形，颜色多为黑色；有筛器，中间分隔。隐石蛛主要栖息于干燥环境中，如石块下、草丛间、岩缝间等干燥的环境中，结漏斗状但不规则的网，其外形特征和丝的颜色类似暗蛛科的种类。英文名：Rock weavers。

本科全世界共记录 5 属 58 种，其中我国记录 3 属 17 种，武夷山国家公园江西片区记录 1 属 1 种。

215. 白斑呐蛛 *Nurscia albofasciata* (Strand, 1907)

【鉴别特征】雌蛛体长 6～9 mm，黑色，头区前多被毛，腹部背面有 2 对肌斑，步足腿节黑色，其他各节棕褐色。雄蛛体长 5～8mm，步足较雌蛛长，腹部背面有 5 对"八"字形白斑，明显，其他类似于雌蛛。

【习　　性】喜欢栖息于草丛、石块下、岩缝等处，结不规则网，耐旱。

【地理分布】江西（武夷山、赣州），贵州，台湾，广东，浙江，湖南，湖北，四川，河北，河南，北京，山东，辽宁，吉林；韩国，日本，俄罗斯。

图 412
图 413

图 412　白斑呐蛛（雌蛛）
图 413　白斑呐蛛（雄蛛）

三十八、管蛛科 Trachelidae Simon, 1897

管蛛体型小型至中型，体长3～8 mm；8眼2列（4-4排列），各眼中等大小，或近似大小；背甲橙红色到暗红色，背面卵圆形，有时背甲有细小的颗粒状突起；头区隆起，侧缘微隆；颚叶宽大于长；胸板红褐色；步足无刺，具疣突，前两对步足较为粗壮；腹部卵圆形。管蛛主要栖息于落叶层、树皮缝隙内。英文名：Sac spiders。

本科全世界共记录20属256种，其中我国记录6属32种，武夷山国家公园江西片区记录1属1种。

216. 十字盾球蛛 *Orthobula crucifera* Bösenberg & Strand, 1906

【鉴别特征】雌蛛体长2～3 mm，背甲深褐色，中窝纵向且细短；头域微隆起；胸板浅褐色，边缘有刻点；腹部背面黑褐色，前半部分有4块灰黑斑，呈"十"字形排列，2对淡黄色肌斑。各步足深褐色，第Ⅰ步足后跗节和跗节有多根长刺。

【习　　性】冬天主要栖息于落叶层或石块下面，夏天主要栖息于岩壁表面或景区人工围栏的栏杆上面，遇到危险时躲于狭缝中。

【地理分布】江西（武夷山、赣州通天岩），湖南，陕西，北京；朝鲜，日本。

图 414
图 415

图 414　十字盾球蛛（雌蛛）
图 415　十字盾球蛛（雄蛛）

蝷蛛体型小型至中型，体长 3～10 mm；8眼2列（4-4排列），少数种类6眼或4眼；雌蛛有筛器，但不分隔，雄蛛筛器消失；肢和螯牙短，多数种类无毒腺；步足具羽状毛，末端具3爪，腿节具听毛；第Ⅳ步足后跗节具单列的栉器，但有些属的雄蛛栉器退化。蝷蛛主要栖息于灌木叶片下、岩壁下、室内房顶下等，结水平圆网或简易的网，有些网还有修饰条带，有些种类跟人类活动密切相关。英文名：Hackled-orb web spiders 或 Triangle-web spiders 或 Single-line web spiders。

本科全世界共记录19属188种，其中我国记录6属49种，武夷山国家公园江西片区记录5属5种。

217. 近亲扇蝷蛛 *Hyptiotes affinis* Bösenberg & Strand, 1906

【鉴别特征】雌蛛体长4.5～5.0 mm，背甲淡灰色，两侧边缘被白色绒毛；头区隆起，胸区凹陷；中窝不明显；眼域宽，前中眼小且靠近，后列眼4眼较大；腹部背面浅黄色，中间隆起，有2对毛丛突起；第Ⅰ、第Ⅱ步足两侧被白色绒毛，第Ⅲ、第Ⅳ步足灰黑色，被黑色绒毛。

【习　　性】栖息于矮灌木林的树枝间结三角形网，夜间在网的中间捕食撞到网上的小型昆虫，白天多数躲于树枝或叶片背面。

【地理分布】江西（武夷山、赣州峰山、光菇山），台湾，浙江，四川，河北；朝鲜，日本，印度。

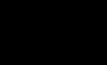

图 416　近亲扇蝷蛛（雌蛛）

218. 东方长蟷蛛 *Miagrammopes orientalis* Bösenberg & Strand, 1906

【鉴别特征】雌蛛体长 8～9 mm，背甲灰褐色，
梯形，体表被白色细毛；无中窝，
放射沟不明显；眼域前排眼消失，
只存后排 4 眼；腹部长筒形，灰
白色，被白色细毛，散布棕色斑
点；第 I 步足特别粗壮，后跗节
腹面具两排刷状毛。雄蛛体长
5～6 mm，个体较雌蛛小，其他
特征与雌蛛类似。

【习　　性】主要栖息于灌木丛或芦苇叶片之
间结长丝，白天躲于树干或枯叶
背面，夜间吊于丝线上等待猎物。

【地理分布】江西（武夷山、赣州），湖南，浙
江，河南，山西，台湾；韩国，
日本。

图 418　东方长蟷蛛（雌蛛）

图 419　东方长蟷蛛（雄蛛）

219. 双孔涡蛛 *Octonoba biforata* Zhu, Sha & Chen, 1989

【鉴别特征】雌蛛体长 3～4 mm，背甲灰褐色，两侧具黑色细边；无中窝，放射线微可见；眼域 8 眼 2 列；腹部背面黄灰色；腹部前端隆起，有 1 对较大突起，依次向后有 3 对白色斑突；第 I 步足粗长，灰褐色，腿节背面有 1 个白色圆斑，后 3 对步足以黄褐色为主，有褐色环纹；第 IV 步足后跗节栉状器与该节长度几乎相等。雄蛛体长 2.5～3 mm，腹部隆起较雌蛛小，其他特征与雌蛛近似。

【习　　性】主要栖息于岩壁或斜坡或较密集树枝下面等干燥环境中，结小型圆网，常在网中间可见"X"形装饰带。

【地理分布】江西（武夷山、赣州通天岩、齐云山），湖南，福建，四川。

图 420　双孔涡蛛（雌蛛）

图 421 鼻喜蟏蛛（雌蛛）

220. 鼻喜蟏蛛 *Philoponella nasuta* (Thorell, 1895)

【鉴别特征】雌蛛体长 3～4 mm，背甲深灰色，密被白色细毛；中窝不明显；眼域 8 眼 2 列；腹部背面灰褐色，高高隆起，被白色细毛，散布白色小碎斑；步足较腹部短，平常缩成一团。雄蛛体长 2.5～3 mm，成熟个体背甲和腹部体色多为黄色，也有灰白色；腹部不隆起，其他特征与雌蛛类似。

【习　　性】栖息于低矮灌木的树杈之间或灌木叶片下面，结不规则网，一般多个体生活于树枝上层结网，一个网一只，躲于网中间。

【地理分布】江西（武夷山），重庆，浙江，湖南，四川，贵州；缅甸。

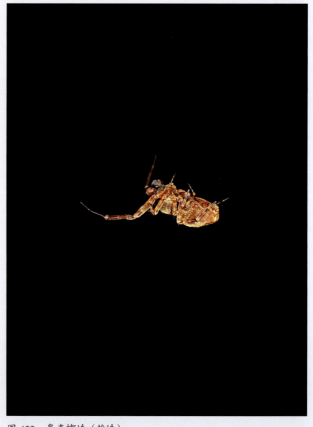

图 422 鼻喜蟏蛛（雄蛛）

图 423　广西蟷蛛（雌蛛）

图 424　广西蟷蛛（雄蛛）

221. 广西蟷蛛 *Uloborus guangxiensis* Zhu, Sha & Chen, 1989

【鉴别特征】雌蛛体长 4～6 mm，背甲白色，两排眼，前、后排眼间距较大；腹部梨形，前端两侧突起，腹部背面有 4～5 对小疣突，被白色细毛；各步足中第 I 步足最长，胫节前端有环形毛丛；第 IV 步足后跗节具栉器。雄蛛体长 3～4 mm，体色为淡黄褐色或白色，其他特征与雌蛛类似。

【习　　性】主要栖息于居民区房子的天花板、房梁或有灯的电线杆上，野外的桂花树等较大叶片下面或树杈之间，结不规则网，一般躲在网中间捕食小型昆虫等。

【地理分布】江西（武夷山、赣州），广东，四川，云南，广西，海南。

四十、拟平腹蛛科 Zodariidae Thorell, 1881

拟平腹蛛体型小型至大型，体长 2～21 mm；8 眼 2 列（4-4 排列），头区圆滑，少数种类 6 眼；步足末端 3 爪，少数种类 2 爪；多数种类腹部背面有花纹。因外形似蚂蚁，拟平腹蛛多数种类仅以蚂蚁为食。主要栖息于树皮、落叶层，夜间行性，游猎捕食。英文名：Burrowing spiders。

本科全世界共记录 90 属 1266 种，其中我国记录 8 属 50 种，武夷山国家公园江西片区记录 2 属 2 种。

222. 卷曲阿斯蛛 *Asceua torquata* (Simon, 1909)

【鉴别特征】雌蛛体长 3～4 mm，背甲光滑，深褐色，前端圆弧形；眼域两排眼，小眼无眼丘；腹部背面黑褐色，中间及前端为白色斑，类似脸谱；各步足褐色，各节前段颜色变浅。雄蛛体长 3～4 mm，触肢器结构明显，跗节结构扁平状，置于额前方，其他特征与雌蛛类似。

【习　　性】栖息于树皮、石块、烂树桩或落叶枯枝上，主要捕食蚂蚁和白蚁。

【地理分布】江西（武夷山、崇义阳明山），广东，海南，广西，湖南；越南，老挝。

图 425

图 426

图 425　卷曲阿斯蛛（雌蛛）
图 426　卷曲阿斯蛛（雄蛛）

图 427　庐山斯态蛛（雄蛛）

223. 庐山斯态蛛 *Storenomorpha lushanensis* Yu & Chen, 2009

【鉴别特征】雄蛛体长 11～12 mm，背甲梨形，中央被淡黄色细毛；中窝纵向，明显；眼域中间被横线毛，中间靠后无毛；腹部背面前端中间向中间及两侧分布 3 条淡黄色条纹；2 对肌斑明显；各步足被浅黄色细毛，各节散布听毛。

【习　　性】主要栖息于低矮灌木的叶片背面，幼体越冬主要躲于枯枝落叶下面。

【地理分布】江西（武夷山、庐山）。

图 428　庐山斯态蛛（雄蛛）

参 考 文 献

曹小朦, 陈林, 潘婷婷, 等, 2023. 江西武夷山国家级自然保护区珍稀濒危植物现状及优先保护研究 [J]. 南京林业大学学报(自然科学版): 1-13.

陈建, 朱传典, 1989. 湖北省盖蛛属二新种 [J]. 动物分类学报, 14(2): 160-165.

陈连水, 袁凤辉, 饶军, 等, 2004. 江西省马头山自然保护区蜘蛛初步名录 [J]. 蛛形学报, 13(2): 119-124.

陈懋斌, 梅兴贵, 张维生, 等, 1982. 我国小蚁蛛属三种蜘蛛记述(蜘蛛目: 平腹蛛科) [J]. 白求恩医科大学学报, 8(6): 42-43.

陈孝恩, 高君川, 1990. 四川农田蜘蛛彩色图册 [M]. 成都: 四川科学技术出版社.

陈樟福, 张贞华, 1991. 浙江动物志蜘蛛类 [M]. 杭州: 浙江科学技术出版社.

胡金林, 王正用, 1991. 内乡宝天曼自然保护区九种蜘蛛的记述(蛛形纲: 蜘蛛目) [J]. 河南科学, 9(2): 37-52.

胡金林, 吴文贵, 1989. 新疆农区蜘蛛 [M]. 济南: 山东大学出版社.

胡金林, 1984. 中国农林蜘蛛 [M]. 天津: 天津科学技术出版社.

胡金林, 2001. 青藏高原蜘蛛 [M]. 郑州: 河南科学技术出版社.

胡自强, 王家福, 1990. 中国隙蛛属一新种(蜘蛛目: 漏斗蛛科) [J]. 四川动物, 9(4): 1-2.

李剑泉, 赵志模, 朱文炳, 等, 2001. 重庆市稻田动物群落及农田蜘蛛资源考察 [J]. 西南农业大学学报(自然科学版), 23(4): 312-316.

刘雨芳, 张古忍, 古德祥, 1999. 花生田蜘蛛群落的研究 [J]. 蛛形学报, 8(2): 85-88.

毛景英, 宋大祥, 1985. 狼蛛两新种记述(蜘蛛目:狼蛛科) [J]. 动物分类学报, 10(3): 263-267.

彭贤锦, 谢莉萍, 肖小芹, 等, 1993. 中国跳蛛(蛛形纲: 蜘蛛目) [M]. 长沙: 湖南师范大学出版社.

彭贤锦, 2020. 中国动物志无脊椎动物第五十三卷: 蜘蛛目: 跳蛛科 [M]. 北京: 科学出版社.

宋大祥, 冯钟琪, 尚进文, 1982. 我国红螯蛛属一新种记述(蜘蛛目: 管巢蛛科) [J]. 动物学研究, 3(增刊): 73-75.

宋大祥, 米歇尔·于培, 1983. 法国西蒙记述的北京蜘蛛的研究 [J]. 徽州师专学报, (2): 1-23.

宋大祥, 王新平, 1994. 陕西蟹蛛科蜘蛛三新种记述(蜘蛛目) [J]. 动物分类学报, 19(1): 46-50.

宋大祥, 徐亚君, 1986. 安徽数种卵形蛛和弱蛛记述 [J]. 动物学集刊, 4: 84-88.

宋大祥, 虞留明, 1990. 中国三种狼蛛记述(蜘蛛目: 狼蛛科) [G]//中国科学院动物研究所. 动物学集刊. 第七集. 北京: 科学出版社: 77-81.

宋大祥, 张锋, 朱明生, 2002. 中国蜘蛛两新种(蛛形纲:蜘蛛目)记述 [J]. 山西大学学报(自然科学版), 25(2): 145-148.

宋大祥, 郑少雄, 1992. 中国光盔蛛科一新种(蜘蛛目) [G]//中国科学院动物研究所. 动物学集刊. 第九集. 北京: 科学出版社: 103-105.

宋大祥, 朱明生, 陈军, 2001. 河北动物志: 蜘蛛类 [M]. 石家庄: 河北科学技术出版社.

宋大祥, 朱明生, 高树森, 1993. 我国3种佐蛛记述(蜘蛛目: 佐蛛科) [J]. 蛛形学报, 2(2): 87-91.

宋大祥, 朱明生, 张锋, 2004. 中国动物志无脊椎动物第三十九卷蛛形纲: 蜘蛛目: 平腹蛛科[M]. 北京: 科学出版社.

宋大祥, 朱明生, 1985. 我国两种隐石蛛记述(蜘蛛目:隐石蛛科) [J]. 见: 中国科学院动物研究所. 动物学集刊. 第三集. 北京: 科学出版社: 73-76.

宋大祥, 朱明生, 1997. 中国动物志蛛形纲: 蜘蛛目: 蟹蛛科: 逍遥蛛科 [M]. 北京: 科学出版社.

宋大祥, 1986. 申克尔记述的中国舞蛛属(蜘蛛目: 狼蛛科)种类的厘订 [J]. 动物学集刊, 4: 73-82.

宋大祥, 1987. 中国农区蜘蛛 [M]. 北京: 中国农业出版社.

宋大祥, 1988. 钱伯林记述的中国蜘蛛的再研究 [J]. 动物学集刊, 6: 123-136.

宋大祥, 王惠珍, 杨海峰, 1985. 我国两种卷叶蛛(蜘蛛目: 卷叶蛛科)记述 [J]. 动物世界, 2(1): 23-25.

唐贵明. 王建军, 2008. 中国狼逍遥蛛属1新种2新纪录种记述(蜘蛛目:逍遥蛛科) [J]. 蛛形学报, 17(2): 76-80.

唐立仁, 宋大祥, 1988. 数种蟹蛛种类的修订(蜘蛛目: 蟹蛛科) [J]. 动物分类学报, 13(3): 245-260.

王凤振, 朱传典, 1963. 中国蜘蛛名录 [J]. 吉林医科大学学报(自然科学版), 5(3): 381-459.

王洪全, 颜亨梅, 杨海明, 1999. 中国稻田蜘蛛群落结构研究初报[J]. 蛛形学报, 8(2): 95-105.

王洪全, 1981. 稻田蜘蛛的保护利用 [M]. 长沙: 湖南科技出版社.

王美萍, 2009. 小五台山蜘蛛区系分析 [J]. 河北林果研究, 24(2): 187-190, 205.

乌力塔, 宋大祥, 1987. 内蒙古逍遥蛛科研究 [J]. 内蒙古师大学报(自然科学版), (1): 28-37.

尹长民, 彭贤锦, 谢莉萍, 等, 1997. 中国狼蛛(蛛形纲: 蜘蛛目) [M]. 长沙: 湖南师范大学出版社.

尹长民, 彭贤锦, 颜亨梅, 等, 2012. 湖南动物志: 蛛形纲: 蜘蛛目 [M]. 长沙: 湖南科学技术出版社.

尹长民, 王家福, 朱明生, 等, 1997. 中国动物志: 蛛形纲: 蜘蛛目: 园蛛科 [M]. 北京: 科学出版社.

尹长民, 王家福, 1990. 中国蜘蛛: 园蛛科, 漏斗蛛科新种及新记录种100种 [M]. 长沙: 湖南师范大学出版社.

袁凤辉, 陈连水, 饶军, 等, 2016. 福建武夷山景区蜘蛛资源的初步调查 [J]. 蛛形学报, 25(1): 47-49.

张峰, 彭进友, 张保石, 2022. 小五台山蜘蛛 [M]. 北京: 科学出版社.

张峰, 薛晓峰, 2018. 天目山动物志(第二卷): 蛛形纲, 蜘蛛目, 瘿螨总科 [M]. 浙江: 浙江大学出版社.

张锋, 金池, 2016. 昏暗球蛛雄性新发现(蜘蛛目:球蛛科) [J]. 河北大学学报(自然科学版), 36(6): 620-622.

张锋, 朱明生, 宋大祥, 2004. 中国太行山数种花蟹蛛记述(蜘蛛目: 蟹蛛科) [J]. 河北大学学报(自然科学版), 24(6): 637-643.

张古忍, 胡运瑾, 1989. 中国管巢蛛属的细分研究(蜘蛛日: 管巢蛛科) [J]. 湘潭师范学院学报(自然科学版), (6):53-61.

张维生, 1987. 河北农田蜘蛛 [M]. 石家庄: 河北科学技术出版社.

张志升, 王露雨, 2017. 中国蜘蛛生态大图鉴 [M]. 重庆: 重庆大学出版社.

赵敬钊, 1992. 中国棉田蜘蛛名录(一) [J]. 蛛形学报, 1(1): 23-30.

赵敬钊, 1993. 中国棉田蜘蛛名录(二) [J]. 蛛形学报, 2(1): 46-51.

朱传典, 梅兴贵, 1983. 管巢蛛科刺足蛛属一新种记述 [J]. 白求恩医科大学学报, 8(3): 49-50.

朱传典, 王家福, 1994. 中国隙蛛属七新种(蜘蛛目: 漏斗蛛科)[J]. 动物分类学报, 19(1): 37-45.

朱传典, 文在根, 1980. 中国微蛛科初报 [J]. 白求恩医科大学学报, 6(4): 17-23.

朱传典, 朱淑范, 1983. 拟平腹蛛属一新种(蜘蛛目: 拟平腹蛛科) [J]. 白求恩医科大学学报, 9(增刊):

137-138.

朱传典, 1983. 中国蜘蛛名录(1983年修订) [J]. 白求恩医科大学学报, 9(增刊): 1-130.

朱明生, 安永瑞, 1988. 我国管巢蛛属二新种(蜘蛛目: 管巢蛛科) [J]. 河北教育学院学报(自然科学版), (2): 72-75.

朱明生, 宋大祥, 张俊霞, 2003. 中国动物志无脊椎动物第三十五卷: 蛛形纲: 蜘蛛目: 肖蛸科 [M]. 北京: 科学出版社.

朱明生, 宋大祥, 1992. 中国球蛛四新种记述(蜘蛛目: 球蛛科) [J]. 四川动物, 11(1): 4-7.

朱明生, 屠黑锁, 胡金林, 1988. 中国圆蛛属(蜘蛛目: 圆蛛科)初步研究 [J]. 河北师范大学学报(自然科学版), (1,2): 53-60.

朱明生, 王新平, 张志升, 2017. 中国动物志无脊椎动物第五十九卷: 蛛形纲: 蜘蛛目: 漏斗蛛科: 暗蛛科[M]. 北京: 科学出版社.

朱明生, 张保石, 2011. 河南蜘蛛志: 蛛形纲: 蜘蛛目 [M]. 北京: 科学出版社.

朱明生, 1998. 中国动物志: 蛛形纲: 蜘蛛目: 球蛛科 [M]. 北京: 科学出版社.

Chen S H, 2010. *Anyphaena wuyi* Zhang, Zhu & Song 2005, a newly recorded spider from Taiwan (Araneae, Anyphaenidae) [J]. BioFormosa, 44(2): 69-74.

Chen S H, 2012. Anyphaenidae (Arachnida: Araneae). pp. 31-38, 103, 114-122, 125. In: Chen, S. H. & Huang, W. J. (eds.) The spider fauna of Taiwan. Araneae. Miturgidae, Anyphaenidae, Clubionidae [M]. Taipei: National Taiwan Normal University.

Dippenaar-Schoeman A S, Haddad C R, Foord S H, et al., 2023. The Tetragnathidae of South Africa. Version 2 [M]. South African National Survey of Arachnida Photo Identification Guide, Irene, 50 pp.

Fan Q Y, Fang Y & Zhou G C, 2022. A new species of the spider genus *Spinirta* Jin & Zhang, 2020 from Jiangxi Wuyishan National Nature Reserve, China (Araneae: Corinnidae) [J]. Acta Arachnologica Sinica, 31(1): 38-43.

Fu Y Q, Chen J, 2017. A newly recorded species of the genus *Leptopholcus* from China (Araneae: Pholcidae) [J]. Acta Arachnologica Sinica, 26(1): 18-21.

Gordon W, 2017. The Ultimate Web Designer [J/OL]. Answers Magazine. https://answersingenesis.org/creepy-crawlies/ultimate-web-designer/

Hormiga G, Kulkarni S, Moreira T D S, et al., 2021. Molecular phylogeny of pimoid spiders and the limits of Linyphiidae, with a reassessment of male palpal homologies (Araneae, Pimoidae) [J]. Zootaxa, 5026(1): 71-101.

Irfan M, Wang L Y, Zhang Z S, 2023. Survey of Linyphiidae spiders (Arachnida: Araneae) from Wulipo National Nature Reserve, Chongqing, China [J]. European Journal of Taxonomy, 871: 1-85.

Irfan M, Zhang Z S, Peng X J, 2022. Survey of Linyphiidae (Arachnida: Araneae) spiders from Yunnan, China [J]. Megataxa, 8(1): 1-292.

Jin C, Zhang F, 2013. A new spider species of the genus *Parasteatoda* Archer (Araneae, Theridiidae) in Wuyi Mountains, Fujian, China [J]. Acta Zootaxonomica Sinica, 38(3): 520-524.

Kamura T, 2021. Three new genera of the family Phrurolithidae (Araneae) from East Asia [J]. Acta Arachnologica, 70(2): 117-130.

Kumada K, Ono H, 2023. New records of *Chikunia subrapulum* (Zhu, 1998), n. comb., (Araneae: Theridiidae) from Japan, with taxonomical and nomenclatural notes [J]. Bulletin of the National Museum of Nature and Science Tokyo (A), 49(4): 123-127.

Li S Q, Zonstein S, 2015. Eight new species of the spider genera *Raveniola* and *Sinopesa* from China and Vietnam (Araneae, Nemesiidae) [J]. *ZooKeys*, 519: 1-32.

Li Z C, Agnarsson I, Peng Y, et al., 2021. Eight cobweb spider species from China building detritus-based, bell-shaped retreats (Araneae, Theridiidae) [J]. ZooKeys 1055: 95-121.

Li Z Y, Jin C & Zhang F, 2014. The genus *Anahita* from Wuyi Mountains, Fujian, China, with description of one new species (Araneae: Ctenidae) [J]. Zootaxa, 3847(1): 145-150.

Lin Y J, Li S Q, Mo H L, et al., 2024. Thirty-eight spider species (Arachnida: Araneae) from China, Indonesia, Japan and Vietnam [J]. Zoological Systematics, 49(1): 4-98.

Lin Y J, Wu L B, Cai D C, et al., 2023. Review of 43 spider species from Hainan Island, China (Arachnida, Araneae) [J]. Zootaxa, 5351(5): 501-533.

Lin Y J, Yan X Y, Li S Q, 2022. *Raveniola yangren* sp. n., a new troglobiontic spider from Hunan, China (Araneae, Nemesiidae) [J]. Biodiversity Data Journal, 10(e85946): 1-8.

Lin Y J, 2024. Taxonomy notes on twenty-five spider species (Arachnida: Araneae) from China [J]. The Indochina Entomologist, 1(6): 35-48.

Liu K K, Li W H, Yao Y B, et al., 2022. The first record of the thomisid genus *Ibana* Benjamin, 2014 (Araneae, Thomisidae) from China, with the description of a new species [J]. Biodiversity Data Journal, 10(e93637): 1-9.

Lo Y Y, Cheng R C, Lin C P, 2024. Integrative species delimitation and five new species of lynx spiders (Araneae, Oxyopidae) in Taiwan[J]. PLoS One, 19(5, e0301776): 1-46.

Marusik Y M, Omelko M M, Simmons Z M, 2020. Redescription of two west Himalayan *Cheiracanthium* (Aranei: Cheiracanthiidae)[J]. Arthropoda Selecta, 29(3): 339-347.

Sherwood D, Jocqué R, Henrard A & Fowler L, 2023. The scaffold web spider *Nesticus helenensis* Hubert, 1977, a junior synonym of *Howaia mogera* (Yaginuma, 1972) rest. comb., with revalidation of *Howaia* Lehtinen & Saaristo, 1980 (Araneae: Nesticidae)[J]. Zootaxa, 5306(3): 397-400.

Tang G, Li S Q, 2012. Lynx spiders from Xishuangbanna, Yunnan, China (Araneae: Oxyopidae) [J]. Zootaxa, 3362: 1-42.

Tang Y N, Wu Y Y, Zhao Y, et al., 2022. Description of a new genus and two new species of the funnel-web mygalomorph (Araneae: Mygalomorphae: Macrothelidae) from China with notes on taxonomic amendments [J]. Zootaxa, 5125(5): 513-535.

Tian Q, Liu L & Chen J, 2020. The first description of the female *Raveniola gracilis* (Aranelda: Nemesiidae) [J]. Acta Arachnologica Sinica, 29(2): 103-106.

Vanuytven H, Jocqué R, Deeleman-Reinhold C, 2024. Two new theridiid genera from Southeast Asia (Araneae: Theridiidae, Argyrodinae): males with a nose for courtship[J]. Journal of the Belgian Arachnological Society, 39(1, supplement): 1-96.

Vertyankin A V, Zajtsev A V, Danilov S V, 2023. Findings on Sakhalin of previously unknown spider species (Araneae: Pisauridae, Araneidae) [J]. Journal of Sakhalin Museum, 2023(4): 98-106.

Wang L Y, Zhang Z S, 2012. A new species of *Chrysilla* Thorell, 1887 from China (Araneae: Salticidae) [J]. Zootaxa, 3243: 65-68.

Wang W, Lin Y J, Zhang X Q, et al., 2023. Two new species of the genus *Asceua* Thorell, 1887 (Araneae, Zodariidae) from China[J]. Biodiversity Data Journal, 11(e103298): 1-12.

Wu A G, Yang Z Z, 2010. Description of a new species of the genus *Diphya* from Cangshan National

Nature Reserve of Yunnan province, China (Araneae, Tetragnathidae) [J]. Acta Zootaxonomica Sinica, 35: 594-596.

Yang L, Yao Z Y, Li S Q, 2023. A new species of *Wuliphantes* from Sichuan, China, with re-description on the type specimens of *W. tongluensis* (Araneae, Linyphiidae) [J]. Biodiversity Data Journal, 11(e114390): 1-9.

Yu H, Jin Z Y, Liu F X, et al., 2009. Tow new species of the genus *Storenomorpha* from China (Araneae, Zodariidae) [J]. Acta Arachnologica Sinica, 18(1): 11-17.

Yuan Z & Peng X J, 2014. Description on the female spider of *Sinanapis wuyi* Jin & Zhang (Araneae: Anapidae) [J]. Zoological Systematics, 39(2): 236-247.

Zhang B S, Zhang F & Jia X M, 2012. Two new species of the ant spider genus *Asceua* Thorell, 1887 (Araneae: Zodariidae) from China [J]. Zootaxa, 3307: 62-68.

Zhang B S, Zhang F, 2018. Two new species of the spider family Zodariidae from Laos[J]. Zootaxa, 4459(2): 285-300.

Zhang F, Zhu M S & Song D X, 2005. A new *Anyphaena* species from China (Araneae: Anyphaenidae) [J]. Zootaxa, 842: 1-7.

Zhang J S, Yu H, Li S Q, 2020. New cheiracanthiid spiders from Xishuangbanna rainforest, southwestern China (Araneae, Cheiracanthiidae) [J]. ZooKeys, 940: 51-77.

Zhang J X, Maddison W P, 2012. New euophryine jumping spiders from Southeast Asia and Africa (Araneae: Salticidae: Euophryinae) [J]. Zootaxa, 3581: 53-80.

Zhang J X, Zhu M S, Song D X, 2004. A review of the Chinese nursery-web spiders (Araneae, Pisauridae)[J]. Journal of Arachnology, 32(3): 353-417.

Zhang X X, Zhang F, 2011. Three new species of the orb weaving spider genus *Neoscona* Simon from China (Araneae, Araneidae) [J]. Acta Zootaxonomica Sinica, 36(3): 518-523.

Zhang Z S, Zhu M S, Song D X, 2008. Revision of the spider genus *Taira* (Araneae, Amaurobiidae, Amaurobiinae) [J]. Journal of Arachnology 36: 502-512.

Zhao J X, Wang L Y, Irfan M, et al., 2021. Further revision of the mesh-web spider genus *Taira* Lehtinen, 1967 (Amaurobiidae), with the description of six new species [J]. Zootaxa, 5020(3): 457-488.

Zhong Y, Zheng M Y, Liu K K, 2022. First description of the male of *Ibana gan* Liu & Li, 2022 from China [J]. Acta Arachnologica Sinica, 31(2): 141-146.

Zhou G C, Irfan M, Peng X J, 2024. Notes on the comb-footed spiders of genus *Theridion* (Araneae: Theridiidae), with description of a new species from Yuelushan Mt., China [J]. Acta Arachnologica Sinica, 33(1): 1-7.

Zhou X W, Zhou G C, Peng X J, 2020. Redescription of *Philoponella nasuta* with the first report of the female (Araneae: Uloboridae) [J]. Acta Arachnologica Sinica, 29(1): 30-34.

中文名索引

拉 丁 名 索 引